文系でも気楽に読める!

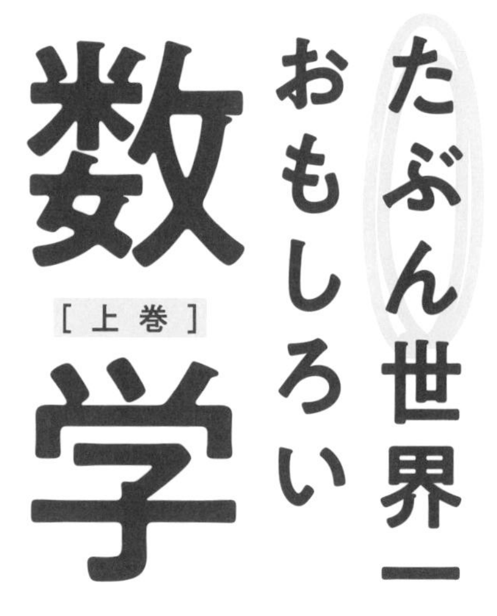

著 ソウ　協力 本丸諒

Gakken

あの頃
数学が好きじゃなかった
すべての大人たちへ——

はじめに

中学や高校のとき、数学の授業がイヤで仕方なかったという人も、多くいるでしょう。

「x＝0をこの式に代入するとy＝4となるので、このグラフの切片は4となり…」

「このとき、角Aは半円の弧に対する円周角なので90度となるため、直角三角形の合同条件を使って…」

説明にサービス精神がないですよね…。

数学の先生というのはもともと数学ができる人、つまずいてしまっている生徒の気持ちというのはよくわかりません。そして、先生には「次のテスト範囲までを早く教え終わらないといけない」というタスクもあります。

こうして、呪文にしか聞こえない数学の授業が行われ、その呪文は生徒の右の耳から入って左の耳を抜けていきます。

ただただ時が過ぎるのを待つあの時間、つらかったですよね…。

しかし、あれから数十年、

「もういい大人になったし、そろそろ数学を楽しめるかも」
なんて思っている人もいるのではないでしょうか？

そんなあなたにお届けしたいのがこの本です。
・数学の内容をすべてギャグマンガにして解説するという無謀な試みに成功
・一話あたり5分ほどで読めるように区切ってあり、気軽に学べる
・ちょっとお利口になれる数学のコラムや、問題に挑戦できるページも満載
という、数学を楽しんでもらうためのサービス精神を詰め込んだ一冊になっています。
作者のソウさんは学生時代、数学が苦手だったといいます。だからこそ、こんなサービス精神旺盛な本ができました。

「あの頃のイヤな思い出がすこし払拭できた」
「数学って実はちょっと楽しいかも」
本書を読んで、そう思ってもらえたら、作り手としては望外の喜びです。

久々に会った友人が記憶よりも優しくなっていたなんてこともよくあります。
さぁ、数学と再会してみましょう。

編集部より

うわ〜〜っ
あったなぁ
こんなの!
この机…
高校の頃まで
使ってたっけ
懐かしい物が
出てくるな〜
あつめてたな〜
これ

ん?
これは……
テスト?
はは…
ひどいもんだ
でも……
そうだ
これが
きっかけだった
1年 学年末テスト
数学
数田 はじめ
中学の思い出
あの
かけがえのない日々——

1年　学年末テスト
数学
数田　はじめ
8
ヒエ〜ッ
えらい点数をとってしまった…
ヒュ
ウ
ウ
ウ
ウ
わからないわからないとは思ってたけど
こんなにもわからないとは…
ウ
ウ
ぅん
ん
ん
ビュオオオオ
あっ…
バサササー
ギャー――ッ！
やばいやばい
あんなの誰かに見られたら恥ずかしくて死んでしまう〜
タッ
タッ
タッ

死んだ!

……ていうか
なんだろう
あの人…

忍者…?

あぁのー
すいません
それ僕が
落とし
ちゃって…
ああ!
なんだキミの
だったのか…

これ
ピラ
すいません
違いました!

あ…これ
落ちてたん
ですか?
ゴミが風で
飛んじゃった
のかな…

ゴミとは
あんまり
じゃないか!
ボクの
渾身の
大作にー!
えぇっ
あ あなたが
描いたん
ですかあ⁉

ただだってさっき
「キミのだったのか」
って…
いや
キミのイメージが
ボクの脳に流れこんで
きたのかなって
ないですよ
そんなこと!
ひょっとして
キミが
落としたって
いうのは
これかな?
ああ
それですそれ!
なんで
ふところに
入れてるんですか!
キミは…
ハジメくん
っていうのか
奇遇だね
ボクは
ジョーって
いうんだ
あ
そうなん
ですか
どこが奇遇なのか
わかりませんけど…
しかし
ハハハ
この点数は
なかなか…
わ
笑わないで
くださいよ
ハハハ
ごめんごめん
笑えないもんね…
さすがに…これは…
いや
笑って
ください!
そんななら
むしろ
笑ってください!
そそれより!
なんですか
そのカッコ
忍者みたいな…
だって
忍者だもの
え!

といってもまだ忍者学校の高等部1年だから
さしずめ忍者のゆで卵ってとこかな
…それはもう生まれないですよね…
こういう者です
学生証…
今は春休みでさ里を出てこの町にやって来たってわけ
そうなんですか…
えっとじゃあごゆっくり…
テスト拾ってくれてありがとうございました
うむ！
……
変わった人に会ったなあ…
数田
ガラララ
ただいまー
お邪魔しまーす

ちょ…なんでここに⁉
え？

キミの数学をなんとかするからしばらく家に泊めてほしいって
さっき心で言ったよね？
キミも「ごゆっくり」って言ってたし
なんですかそれ！わかりませんよ心で言われても！

…そっか

言葉にしなきゃ伝わらない想いってあるんだね…
いやそんな素敵な話じゃないですけど⁉

あらハジメおかえり
あっお母さん…
はじめましてお母さん！ボクに住みこみでハジメくんの家庭教師をさせてください！
あらよろしく〜
お母さ――ん⁉

ええー
本当に…？
フフ…
数学の点数が
こたえてる
ようだね
へな
いや
そこじゃ
ないいん
ですけど…
だが大丈夫！
ボクに
かかれば
数学への
ニガテ意識など
完全消滅だ！
ほ
ホントに…？
ああ
キミの
その
数学力
今日から
ボクが
全力で
肯定
しよう!!
できなくったって
いいんだ
よ…！
いや
ちゃんと
教えてよ!!
教わることに
なりました

たぶん世界一おもしろい数学　上巻　CONTENTS

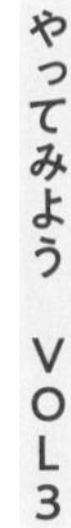
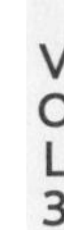

数田 はじめ（ハジメ）

数学には苦手意識がある中学生。
ジョーへのツッコミはいつも的確。

なゆた

ジョーの幼なじみのくのいち。真面目で勉強もできるが、性格は卑屈。

ジョー

忍者学校高等部所属。ハジメの成績を上げるため、居候することに。

ニョン太

謎の生物。ひょんなことからハジメの家のペットとして飼われるようになった。

せつな

なゆたの妹でハジメと同級生。姉と対照的に明るいが、少し感覚がズレている。

第1章

正負の数

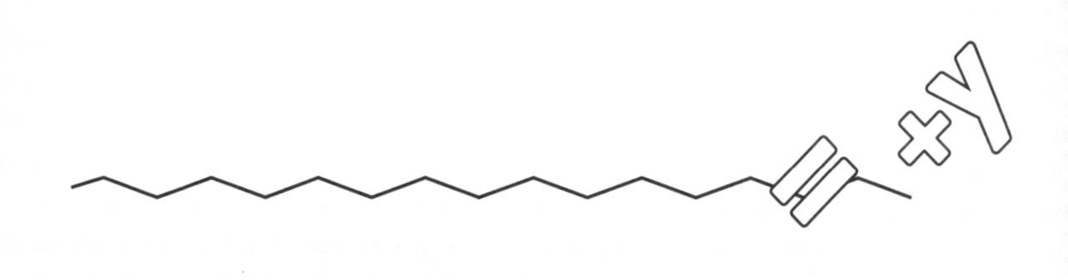

1-1
正負の数と絶対値

よーし！
それでは勉強を始めるぞ！
まず宇宙の始まりは～
ビッグバン
ドーン
……ちょっと待って
それ数学？
ごめん数学の教える範囲わからないからもう最初からいこうと思って
最初にもほどがあるよ
ほらこれ教科書…
ありがとう一生大切にする…！
スッ
あげないよ！
数学
ふむふむ
フフフ…
数学

フハハハハ！
そんな笑うところある⁉
妙に笑い方カッコいいし
フヒヒヒヒ！
と思ったら気持ち悪かった！
あー面白かった
じゃあ正の数と負の数について話していこうか
う うん…
今ので読めてたのか…
数学
パ
シッ

では数直線を見てみよう
0より大きい数が正の数
そして0より小さい数が負の数だ
ちなみにこれは負の感情だよ
イヤダ…
クルシイ…
紹介しないでいいよそんなの！怖いよ！
負の数
正の数
−3 −2 −1 0 +1 +2 +3
小
大
正の数と負の数だね
そんな巻物あるんだ…
シュルルッ

この
負の数を使うと
何ができるか
なんと
反対の性質をもつ
量を表すことが
できるのだ！
反対の性質を
もつ量…？
そう たとえば
「西」に
「1m」進むことを――
西⇔東
西
1m
ドッ
ドッ
「東」に
「－1m」進むと
表すことができる！
ゴッ
東
－1m
ドッ
ドッ
うん…
頭ぶつけてる
けど大丈夫？

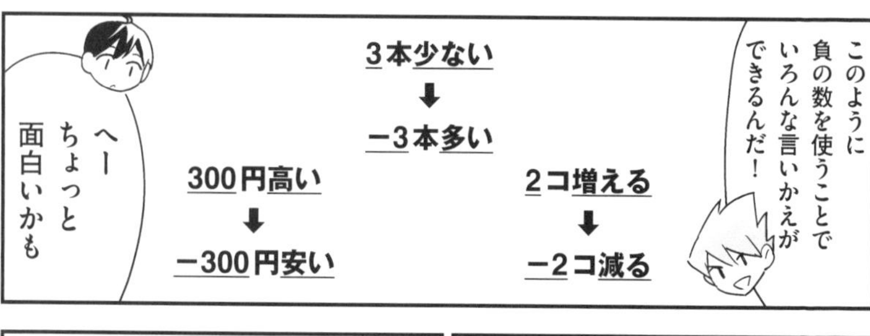
このように
負の数を使うことで
いろんな言いかえが
できるんだ！
3本少ない
↓
－3本多い
2コ増える
↓
－2コ減る
300円高い
↓
－300円安い
へー
ちょっと
面白いかも

これを使えば
こんなツンデレ表現も
できちゃうし！
バナナを
－2本
よこし
なさいよ！
バナナを
2本
くれるって
ことか！
ツンデレっていうか
わけわかんない人
なのでは…
時間より早く
着いちゃったときも安心！
すみません！
－5分
遅れます！
5分前行動
いや
いいこと
じゃん！
なに
謝ってるの
この人!?

あと大事なのが絶対値！
絶対値は原点(0)からいくつ離れてるかってことだ
いくつ離れてるか？
たとえば−4は0から4離れてるでしょ？
絶対値は4
4離れてる
−5 −4 −3 −2 −1 0 +1 +2 +3 +4 +5
この4が絶対値だ
+3と−3は反対の数だけど
絶対値 3
絶対値 3
−4 −3 −2 −1 0 +1 +2 +3 +4
絶対値はどっちも3になる
そうなんだ

アイツのこと好きになったり嫌いになったり…でも
もう嫌い！
でも…やっぱり好き…！
恋の絶対値は変わんないんだよね……！
ごめん何を言ってるの？

でもこれってつまり…符号を消しちゃえばいいってこと？
絶対値
+1 ➡ 1
絶対値
−13 ➡ 13
そういうこと！さえてるじゃないか！
ではそんなさえてるキミに問題だ！

この
3つの数
小さい順に
並べると
どうなる!?
3
−1
殺
−7
なんか怖いの
交ざってるん
だけど
ああごめん
ボクへの手紙が
交ざってしまった
気にしないで
何があったの
いや
気になるよ…
…ええっと
小さい順だよね
こう
かな？
小
大
−7
−1
3
正解！
ちなみに
不等号を使って
表すと
こうなるぞ！
シュルッ
−7＜−1＜3
じゃあ
もう一つ
絶対値が
小さい順に
並べると？
−7
−1
3
絶対値なら…
符号をなくして…
…こうか！
−1
3
−7
小
大
正解!!
パチ
パチ
…ここまで
よく
頑張ったね…
パチ
パチ
パチ
え…？

もう…ボクが教えられることは何もない…！
ウソでしょ⁉
どんだけ教えられること少ないの⁉
そんな…いきなり終わらないでよ！まだ始まったばかりだよ⁉
…フフ
そうだね…
たしかにキミには…まだまだ学ばなきゃいけないことがたくさんある
そ そうだよ！
だから行こう
次なるステージへ…！
うん！
なんかこれも終わるマンガっぽい‼
僕らの学びはまだ始まったばかりだ！
つづきます

1-2

加法・減法

さぁー今回は加法・減法だ！
はりきっていくぞ～～!!
わっうるさいなぁ
ちょっと落ち着いてよ
ザワッ
じゃあ…テンションを下げていきます……
加法と減法を学びましょう…
どうせ人はいつか死ぬんですが……
そ…そこまで下げなくていい！
さて加法・減法とは何か？
加法は「たし算」減法は「ひき算」のこと
●＋●＝●
加法 和
■－■＝■
減法 差
さらにたし算の結果を和ひき算の結果を差というのだ！
じゃあまずは加法のうち符号が同じ場合はどうなるかやってみよう
(−2)＋(−5)
これは…−2と−5をたすってことだよね？
ポ…
そう！
これはどういうことかというと…

こういうことだ！
ポム！
どういうこと？
-2
-5

あの……何それ？
ああごめん説明不足だったね
これはマイナスの精マイナスパワーの集合体さ
いやあたりまえのようにマイナスパワーとか言われても…
ホョ
ホョ

まあ見ててよ
こうしてマイナスとマイナスをたすと…
ピト
2つの値を合わせた
(−2)＋(−5)
＝−(2＋5)
共通の符号
絶対値の和
＝−7
でっかいマイナスになるのだ！
これが同じ符号のたし算だわかったかな？
うぅん…
ちょっとかわいい…

では今度は符号が異なる場合だ！
$(+3)+(-7)$
これはプラスの精
ポム
+3
-7
えっ これはくっつくと…？
フフフ さあ どうなるかな？
ピト
-7
+3

シュルルル～
-4

$(+3)+(-7)$
$=-(7-3)$
絶対値が大きい方の符号
絶対値の差
$=-4$
このようにプラスとマイナスが打ち消し合って
さしひいた分のマイナスが残るのだ！
え――…
-4

えっ プラスの精は…？消滅しちゃったの？
大丈夫！ちゃんと生きてるさ
ボクたちの心の中にね……
プラスの精……！

さて　お次は
減法だ！
(−4)−(−6)
ひき算は
たし算と
同じ
なんだ！
減法…
ひき算だね
これは
どうすれば
…？
フフ…
実はね
ひき算は
たし算と…
同じ!?
なんで一緒に
びっくり
してんだ！
ごめん
つい…
そう！
実はこのように
カッコの中の
符号を反対に
することで
−(+●)
↓
+(−●)
−(−●)
↓
+(+●)
ひき算が
たし算にできて
しまうのだ！
えっ
そうなの？
ほら
「友達が−5人
増えたぜ！」
ってことは？
+(−5)
=
−(+5)
…ああ
「友達が+5人
減ったぜ！」
ってこと…
なんだその
悲しい例文！

つまり
この式なら
$(-4)-(-6)$
$=(-4)+(+6)$
こうなって
+6
ポム
ポム
でもあとは
加法と
同じ…と
$(-4)+(+6)$
$=+(6-4)$
$=+2$
+2
ああ
また……
よし！
これで加法・減法は
OKだね
あっ
終わり？
フフフ
残念！
最後にこれ
$(+7)+(-16)-(-6)-(+2)$
加法と減法の
混ざった式だ！
うわっ
なにこれ
めんどくさそう
大丈夫(だいじょうぶ)！
何も
難しいことは
ないよ
まずは
落ち着こう
心を
完全な無に
するんだ
そっちの方が
難しいんだけど…

まず
たし算とひき算が
混ざってると
ややこしいから
全部たし算に
してしまおう！
(+7)+(−16)−(−6)−(+2)
=(+7)+(−16)+(+6)+(−2)
+でつながれた
カタマリを項という
(+3)+(−2)
正の項
負の項

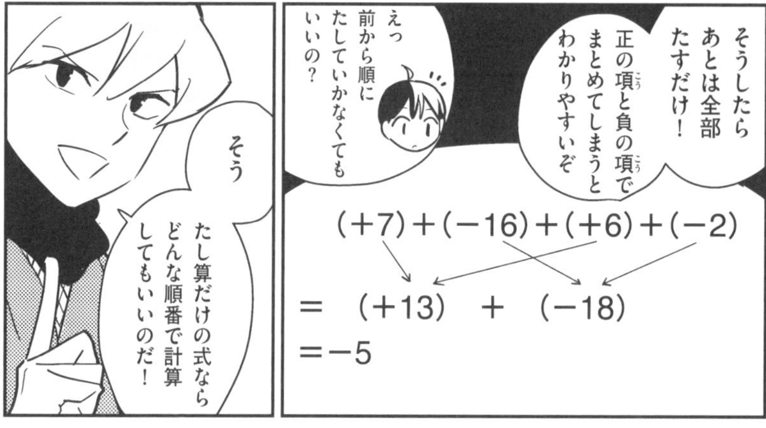
そうしたら
あとは全部
たすだけ！
正の項と負の項で
まとめてしまうと
わかりやすいぞ
えっ
前から順に
たしていかなくても
いいの？
(+7)+(−16)+(+6)+(−2)
= (+13) + (−18)
=−5
そう
たし算だけの式なら
どんな順番で計算
してもいいのだ！

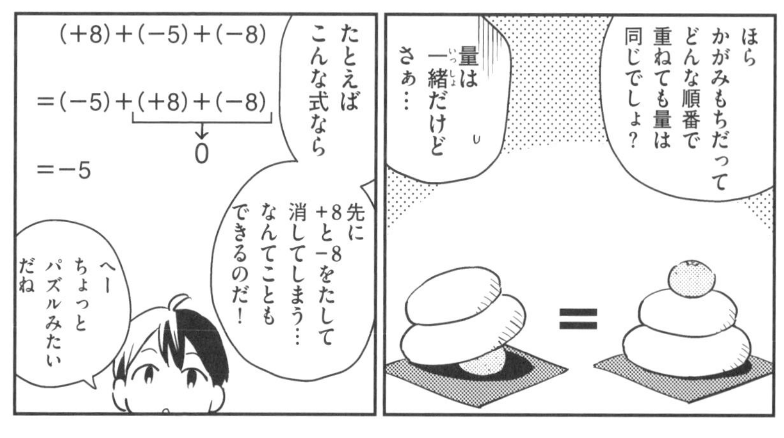
ほら
かがみもちだって
どんな順番で
重ねても量は
同じでしょ？
量は
一緒だけど
さぁ…
たとえば
こんな式なら
(+8)+(−5)+(−8)
=(−5)+(+8)+(−8)
0
=−5
先に
+8と−8をたして
消してしまう…
なんてことも
できるのだ！
へー
ちょっと
パズルみたい
だね

でもこれ
ゴチャゴチャして
見づらいの
なんとかならない
かな～
なるとも！
えっ　ウソ？
$(+7)+(-16)-(-6)-(+2$
$=(+7)+(-16)+(+6)+(-2$
$=(+13)+(-18)$
$=-5$
ウソじゃない…
本当なんだ！
たのむ
信じてくれ…!!
いやゴメン
そんな本気で
ウソって言ったんじゃ
ないんだけど…

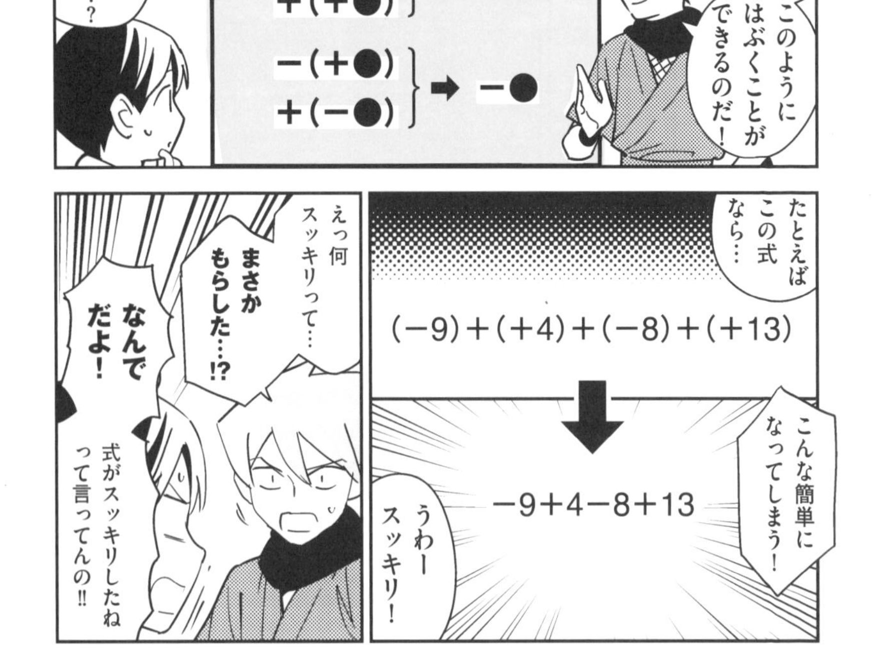
実は
カッコは
このように
はぶくことが
できるのだ！
$-(-●)$
$+(+●)$
$+●$
$-(+●)$
$+(-●)$
$-●$
んん？
っていうと…？
たとえば
この式
なら…
$(-9)+(+4)+(-8)+(+13)$
$-9+4-8+13$
こんな簡単に
なってしまう！
うわー
スッキリ！
えっ何
スッキリって…
まさか
もらした…!?
なんで
だよ！
式がスッキリしたね
って言ってんの!!

ただ忘れないでほしいのは
-9 $+4$ -8 $+13$
カッコがなくても項はこういうカタマリということだ
ポン
ポ
ポ
ポ
4匹！
目には見えないけど
-9
$+4$
-8
$+13$
このかわいい精たちのように
みんなプラスでつながれているんだ
そしてみんな集まれば
1つの答えに…
シュオォォォ
消えた……
$-9+4-8+13$
$=+17-17$
$=0$

次の計算をしましょう。

(1) $(-2)+(-5)$

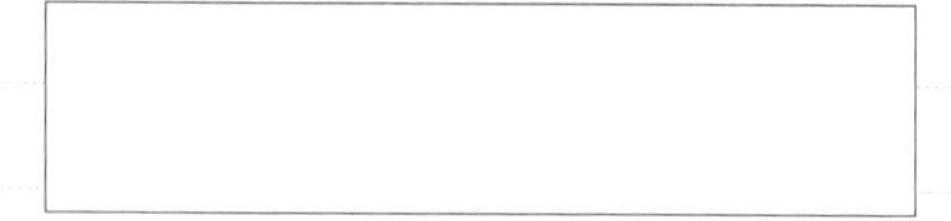

(2) $(+4)+(-9)$

(3) $(-15)+(-15)$

(4) $(-15)-(-15)$

2

次の計算をしましょう。

(1)　$6-2+3-4$

(2)　$13-(-8)-15+(-6)$

答えは次のページへ

やってみよう 1 ― 解答

1 (1) $(-2)+(-5)=\underline{\underline{-7}}$ ㊟

(2) $(+4)+(-9)=+4-9=\underline{\underline{-5}}$ ㊟

(3) $(-15)+(-15)=-15-15=\underline{\underline{-30}}$ ㊟

(4) $(-15)-(-15)=-15+15=\underline{\underline{0}}$ ㊟

2 (1) $6-2+3-4$

$=\underbrace{6+3}_{\text{正の項}}\ \underbrace{-2-4}_{\text{負の項}}$

$=9-6$

$=\underline{\underline{3}}$ ㊟

(2) $13-(-8)-15+(-6)$

$=13+8-15-6$

$=21-21$

$=\underline{\underline{0}}$ ㊟

疲れてたら
問題など解かずに寝よう！

1-3

乗法・除法

うーむ
いい天気だ！
ホント
だねぇ
こんな日は
やっぱり
外でさ
ポン
ポン

数学の勉強に
かぎるよなァ！
今回は
かけ算
わり算
だ！
かけ算のことを乗法
その計算の結果を積
わり算のことを除法
その計算の結果を商
という
いや
そんなことは
ないと思う…
そのボールは
何？
では まず
このかけ算に
ついて
考えていこう
$(-3)\times(-5)$
これは…
−3が−5個
ってこと…？
どういう
こと？
ま
式の意味を
考えると
ちょっと長く
なるから
今は
計算の仕方だけ
やってみよう
(−3)×(−5)

負の数を含むかけ算は
絶対値と符号を別々に考えるといい
－
3
プチ
別々に？
なにそれ…
まず絶対値はふつうにかけ算すればOK
3×5＝15
そして符号は
同じ符号どうしなら＋
違う符号どうしなら－
になる
＋×＋
－×－ ⇒ ＋
＋×－
－×＋ ⇒ －
これらを合わせて
こうなるわけだ！
－×－なので＋
(－3)×(－5)＝＋15
3×5で15
おーっ
なんだ！けっこうカンタンだね
フフフ…では
負の数を3つかけると符号がどうなるかわかるかな
－×－×－＝？
み3つ？

−が2つで
+になるん
だから…
−かな？
$\ominus \times \ominus \times \ominus$
$= \oplus \times \ominus$
$= \ominus$
その通り！
てことは
4つなら？
$\ominus \times \ominus \times \ominus \times \ominus$
$= \oplus \times \oplus$
$= \oplus$
+だ！
5つなら
$\ominus \times \ominus \times \ominus \times \ominus \times \ominus$
$= \ominus$
−！
そう
つまり
まとめると…

こうだ！
3つ以上の数の積
⊖の数が偶数個 ➡ ⊕
⊖の数が奇数個 ➡ ⊖
なるほどね！
うーむ
やるじゃないか
ハジメくん！
これは
末路が楽しみ
だなぁ！
「将来」って
言ってくれる？
では次に
指数だ
指数？
5+5+5
=5×3
同じ数のたし算を
かけ算に
できるように
同じ数のかけ算を
指数を使って
表せるのだ！
5×5×5
$=5^3$
これが
指数
「5の3乗」
と読む

では
ここで問題
-2^4
$(-2)^4$
この2つの数は
同じでしょうか
違うでしょうか!?
えっ
フフフ…
もし
間違えたら…
まゆ毛を太く
させてもらおう
かな……!
ええっ!?

違うような
気がするけど…
でも
どう違うかって
言われると
わからないし…
ここは…
よし!
同じだ!

残念
はずれ
です…!
ダンディ…
自分が
やるのか……

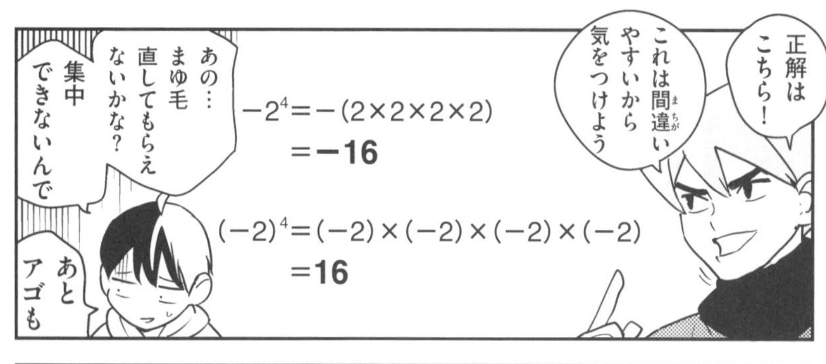

正解はこちら！
これは間違いやすいから気をつけよう
$-2^4=-(2\times2\times2\times2)$
$=-16$
$(-2)^4=(-2)\times(-2)\times(-2)\times(-2)$
$=16$
あの…まゆ毛直してもらえないかな？
集中できないんで
あとアゴも

それでは最後にわり算の話をしよう
さよならダンディ…
わり算もかけ算とやり方は一緒！
⊖が2つだから⊕
$(-6)\div(-2)=+3$
6÷2で3
符号を決めて絶対値を計算してできあがりだ！
そっか絶対値の計算がわり算になっただけだね
そしてわり算はわる数を逆数にすることでかけ算にできる
ペロ
逆数？
ガッ
そう分母と分子を逆にしたのが逆数なんだけど
$\frac{2}{9}$ → $\frac{9}{2}$ 逆数
6/2に見える…

逆数を使えばわり算をかけ算に変えられるんだ
$\frac{1}{3}\div\frac{2}{9}$
$=\frac{1}{3}\times\frac{9}{2}$
そうなんだ
でも変えてどうなるの？

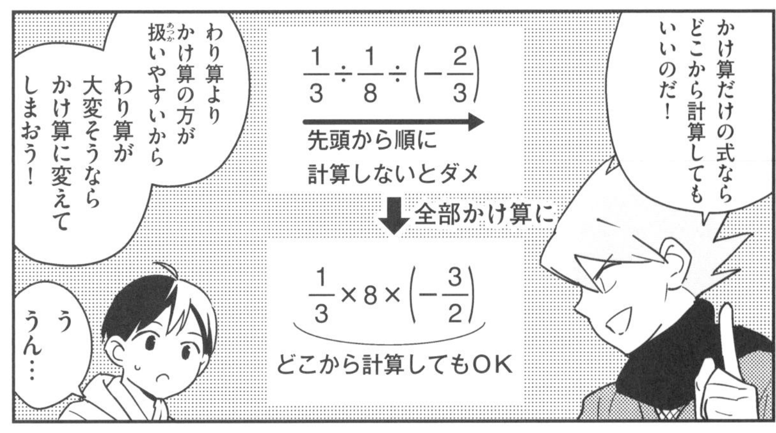

かけ算だけの式ならどこから計算してもいいのだ！
$\frac{1}{3}\div\frac{1}{8}\div\left(-\frac{2}{3}\right)$
先頭から順に計算しないとダメ
全部かけ算に
$\frac{1}{3}\times8\times\left(-\frac{3}{2}\right)$
どこから計算してもOK
わり算よりかけ算の方が扱いやすいから
わり算が大変そうならかけ算に変えてしまおう！
う　うん…

ザッ
キ　キミは…！
突然2人の前に現れた人物…その正体はいったい…!?

おーっ　なゆた！来てくれたか！
テクテク
来たよ
あ　早速話しかけちゃった…
……どうやらお友達だったみたいですね
えっと……次回につづく！

1-4

四則の混じった計算

紹介しよう！彼女の名はなゆた
ボクのおさなな…
おさなななじみ…
ちょっと文字多いね
ボクのおじだ！
おさなななじみでしょ！
へらしすぎだよ！
あ僕はハジメっていいます…
えっと…ここで何を？
鳥をね見ていたの
鳥？
鳥たちがわらっているでしょう
チュン
チュン
あ…ホントですね楽しそうに…
チュン
私のことを嗤っているのよ
え――……

なかなか愉快なやつだろ？
いや怖いんですが
それで何勉強教えるの手伝ってほしいって？
手紙きたけど
ああそうそう！手紙の返事もアリガトウ！
殺
アレ、この人の手紙だったのか…
——さてここまで加法・減法乗法・除法とやってきた
この4つを合わせて四則というのだが
四則
今回はボス戦をしよう！
ボス戦？
四則という武器すべてを駆使して
この私を倒してみるのだー！
わー大変だー（棒読み）
なんか始まった…
$2\times(-2)^3-(6-30)\div(-8)$

あれを倒すには体に記された問題を解くしかないようね(棒)
ああそういうシステムですか…
$2\times(-2)^3-(6-30)\div(-8)$
もしくはとがった物で突くことでも倒せる
ジャキ
フッ 血の雨が降ることになるぜ…?(ボクの)
えっと…問題を解いて倒すことにします…
そう… 残念 四則の混じった式は計算する順番があるの
順番?
そう この順
累乗・(　)の中
かけ算・わり算
たし算・ひき算
なるほど… ちょっとやってみます
フフ… できるかな?
えっと まず累乗とカッコの中
それから かけ算とわり算で…
最後に たし算ひき算…と
$2\times(-2)^3-(6-30)\div(-8)$
$=2\times(-8)-(-24)\div(-8)$
$=-16-3$
$=-19$
これでいいのかな?
くっ 正解だ… やるじゃないか
ならば

この問題はどうかな!?
$\left(\frac{5}{6}+\frac{7}{9}\right)\times(-18)$
うわっ
ねぇ どうかな?
この問題… 似合ってる? 変じゃない?
あ 「どうかな」って そういうこと?
いや その恰好は 間違いなく 変だけど…
これは…まず カッコの中から かー
通分めんどうだなー
待って
これは分配法則を使うといい
分配法則?
そう カッコに かけ算がくっついてるときは
こんなふうに 変形ができるの
分配法則
(○+△)×■
=○×■+△×■
そうなん ですか ってことは…
−18を カッコ内の 項にかけ…て
$\left(\frac{5}{6}+\frac{7}{9}\right)\times(-18)$
$=\frac{5}{6}\times(-18)+\frac{7}{9}\times(-18)$
$=(-15)+(-14)$
$=-29$
あ! こうすると 通分しなくて すむんだ
うっ…
正解 だぁ!
ボーーン
そんな ことに なる?

クッ
まだだ…まだ
止まらんぞ…！
あと一息だよ
さあ止めて
やりましょう
（息の根を）
息の根までは
止めなくて
大丈夫です…
これで
最後だあ！
ゴゴゴ
64×7.89＋36×7.89
うっ
めんど
くさそう…
大丈夫
これは
分配法則を
逆に使うといい
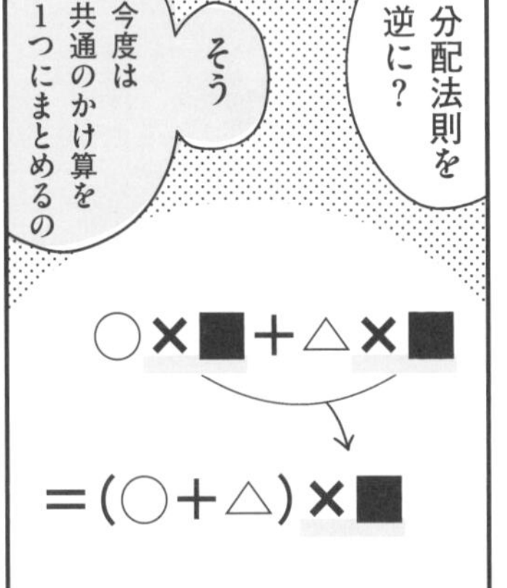
分配法則を
逆に？
そう
今度は
共通のかけ算を
1つにまとめるの
○×■＋△×■
＝(○＋△)×■

たとえば
あなた
死ぬのは
イヤ？
なんですか　イヤですよ
急に!?　そりゃあ

じゃあ
嫌いな
食べ物は？
？
まあ
セロリとか…

「セロリが嫌い」
「死ぬのが嫌い」
まとめて
こう言える
でしょう？
嫌いなものは
セロリと
死です！
なんですかその
狂気の自己紹介は！
とにかく…
共通のかけ算を
まとめれば
いいんですね

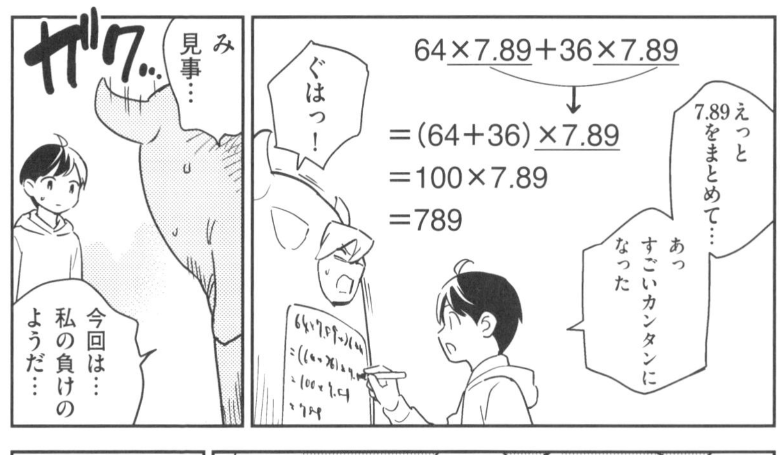
$64 \times 7.89 + 36 \times 7.89$
$= (64+36) \times 7.89$
$= 100 \times 7.89$
$= 789$
えっと 7.89をまとめて…
あっ すごいカンタンになった
ぐはっ！
ガクッ…
み 見事…
今回は… 私の負けのようだ…

だが 忘れるんじゃないぞ……！
友達や… 家族との…
ステキな 思い出を な……！
え うん
捨てゼリフかと 思ったら意外と いい話だった…
ドゥ…

…すべて 終わった さぁ かえりましょう
あ はい…

無に
無に 還りましょう
む…無には 還りませんよ！
死は 嫌いです！！
こうして 新たな仲間が くわわわ… くわわった！

COLUMN VOL 1

ローマ数字には「計算機能」もある!?

わたしたちがふだん使っている算用数字（インド・アラビア数字）は0～9までの10個の数字だけでできていて、何桁の数値であるかも一目瞭然です。

ところが、ローマ数字（Ⅰ、Ⅱ、Ⅲ、Ⅳ、Ⅴ…）はかなり特徴のある数字です。なぜなら、算用数字とは異なり、数字そのものの中に「計算機能」が組み込まれているからです。

Ⅰ、Ⅱ、Ⅲが現在の1、2、3を表していることは容易に想像がつくでしょう。では4はなぜ、Ⅳと表記するのでしょうか。

ローマ数字では5になると、「Ⅴ」という新たな記号が用いられます。そして、Ⅴの左横に小さな数を置いた場合、「引き算」の意味をもつというルール（減算則）があるのです。たとえば4は5－1ですからⅤの左横にⅠを置いてⅣとします。これが4です。つまり、Ⅳは「Ⅴ－Ⅰ＝Ⅳ」という意味です。

5より大きい数を表したい場合、今度は逆に、Ⅴの右横にⅠやⅡ、Ⅲを置いてⅥ、Ⅶ、Ⅷのように書きます。つまり、7であるⅦは、「Ⅴ＋Ⅱ＝Ⅶ」ということなのです。
同様に、10には「Ⅹ」という新しい記号を導入します。9を表したければ、Ⅹの左にⅠを置いてⅨとし、11や12などは10より大きな数字なので、今度は右にⅠ、Ⅱを置いてⅪ、Ⅻと表記します。

■ローマ数字には「計算則」が含まれている

Ⅳ （引き算）	右の大きな数Ⅴ(5)から 左に置かれたⅠ(1)を引く Ⅳ＝Ⅴ－Ⅰ……5－1＝4

Ⅶ （足し算）	左の大きな数Ⅴ(5)に、 右に置かれたⅡ(2)を足す Ⅶ＝Ⅴ＋Ⅱ……5＋2＝7

このように、ローマ数字には「計算式」が含まれるため、扱いがめんどうですし、10にはⅩ、50にはL、100にはC、500にはD、1000にはMを使うなど、覚える記号も多く、0～9の算用数字に比べて煩雑です。
これは実際の数字を見るときには、さらにめんどうになります。たとえば、LⅩⅩⅩⅨはいくつの数を表しているでしょうか。これはL（50）の右横にⅩ（10）が三つ並んでいるので足し算。つまり、LⅩⅩⅩで80を表します。残りは、Ⅹの左にⅠを置いているので減算。つまり、Ⅸは9、よって89です。算用数字のほうが簡単ですね。

次の計算をしましょう。

(1)　$4\times(-0.5)\times(-6)$

(2)　-3^3

(3)　$(-3)\div\left(-\dfrac{5}{2}\right)\times 15$

2

次の計算をしましょう。

(1) $(-4)+8\times(15-9)$

(2) $7-(8+16)\div(-2)^3$

答えは次のページへ

1 (1) $4\times(-0.5)\times(-6)=+(4\times0.5\times6)$

⊖が2つだから⊕

$=\underline{\underline{12}}$ 答

(2) $-3^3=-(3\times3\times3)=\underline{\underline{-27}}$ 答

符号に注意

(3) $(-3)\div\left(-\frac{5}{2}\right)\times15=+\left(3\times\frac{2}{5}\times15\right)=\underline{\underline{18}}$ 答

逆数のかけ算になおす

2 (1) $(-4)+8\times(15-9)=(-4)+8\times6$

カッコ内が先　かけ算が先

$=(-4)+48$

$=\underline{\underline{44}}$ 答

(2) $7-(8+16)\div(-2)^3=7-24\div(-8)$

カッコ内が先　累乗が先　わり算が先

$=7-(-3)$

$=7+3=\underline{\underline{10}}$ 答

第2章

文字と式

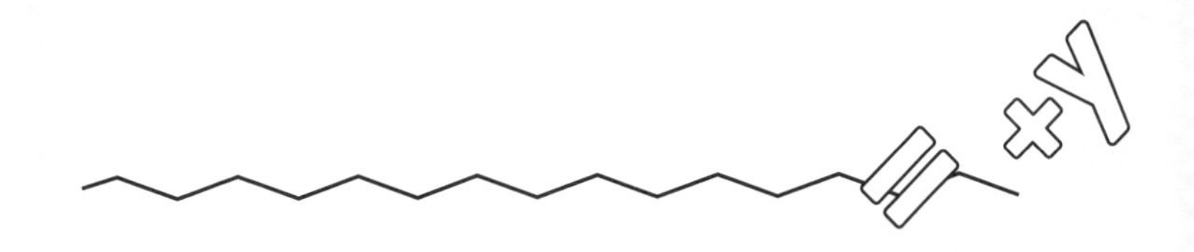

2-1

文字式の表し方

私…このまま死ぬのかな…
おなかが減ったくらいで大げさでしょう…
ぐー
もうちょっとしたら夕飯ですから
なんか流れでなゆたさんもうちに来ることになったのだった
あの 私もご厄介に…
もじもじ
スタ スタ スタ
はーい お布団出しておくわね～
受け入れはやっ
あっ 「もじもじ」といえば!
「文字式」について勉強しようか!
すごいとこから思いついたね
それじゃどうしようかな
お ちょうどいいのがあったぞ
ガサ ゴソ

ポン
忍びの里銘菓
忍者サブレー
忍者サブレー…？
忍者のしぼり汁を練りこんだサブレーだよ
しぼり汁！
フツーのサブレーだよ
形が忍者
さてこの箱にはサブレーが3枚入った小袋がいくつか入ってるんだけど
箱の中には全部で何枚のサブレーが入っているか
式で表してみよう！
式で表すったって…小袋の数がわからなきゃどうしようもないじゃん
そこで文字式の出番さ
a−3
わからない数をとりあえず文字におきかえて式をつくる
それが文字式なのさ！
5＋x
犯人がわからないときにとりあえずAとするようなもの
ななるほど…
ペタ
A

そうだ 僕このへんから数学ついていけなくなっちゃったんだよね
なんで数学なのに英語が出てくるんだ！って
まあアルファベットは数字の代わりってだけだからね
別に「あ」とかでもいいんじゃない？そうしよっか！
あー3
5＋鬼
私は「鬼」がいい
……やっぱアルファベットでいいや…

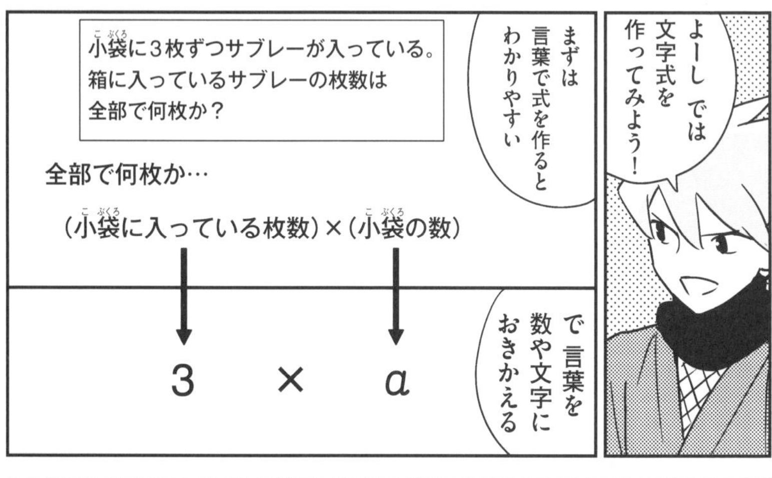
よーし では文字式を作ってみよう！
まずは言葉で式を作るとわかりやすい
小袋に3枚ずつサブレーが入っている。
箱に入っているサブレーの枚数は
全部で何枚か？
全部で何枚か…
（小袋に入っている枚数）×（小袋の数）
で言葉を数や文字におきかえる
3 × a

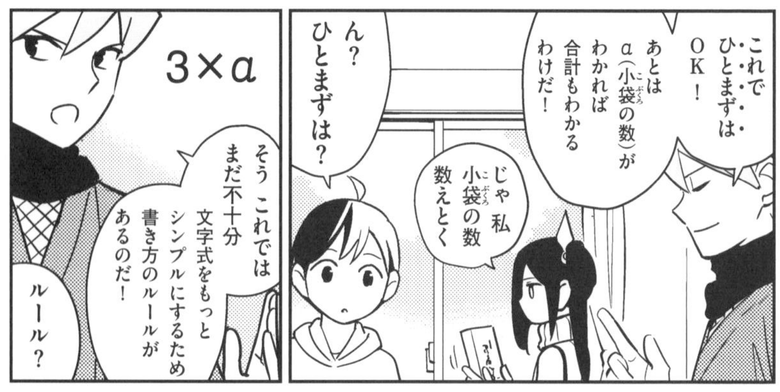
これで・・・ひとまずはOK！
あとはa（小袋の数）がわかれば合計もわかるわけだ！
ん？ひとまずは？
じゃ私小袋の数数えとく
3×a
そう これではまだ不十分 文字式をもっとシンプルにするため書き方のルールがあるのだ！
ルール？

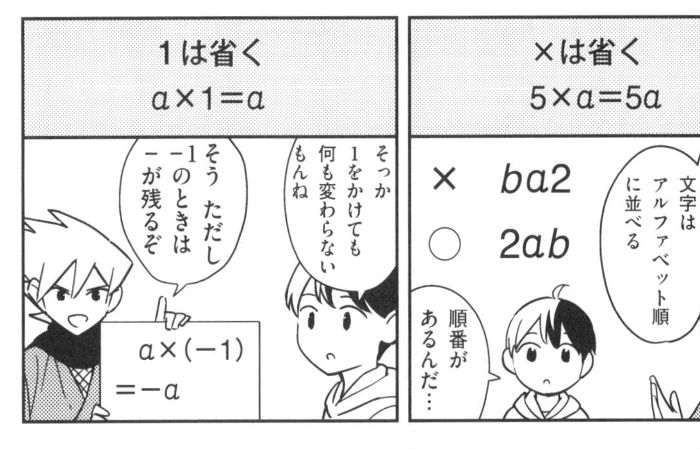
×は省く
5×a=5a
数字は文字の前に
文字はアルファベット順に並べる
× ba2
○ 2ab
順番があるんだ…
1は省く
a×1=a
そっか 1をかけても何も変わらないもんね
そう ただし −1のときは − が残るぞ
a×(−1)
=−a

同じ文字の積は指数を使って表す
この2つを間違えないように気をつけよう
a²=a×a
2a=a+a
たしかに似てるね…
÷は分数に
a÷6=a/6
÷と×が混ざってるときには注意!
a÷2×b
○ ab/2
× a/2b
×なら分子! ÷なら分母だ!

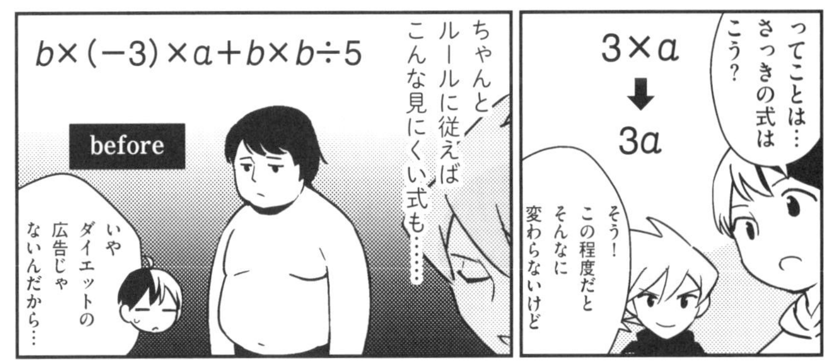
3×a
3a
ってことは…さっきの式はこう?
そう! この程度だとそんなに変わらないけど
b×(−3)×a+b×b÷5
ちゃんとルールに従えばこんな見にくい式も……
before
いや ダイエットの広告じゃないんだから…

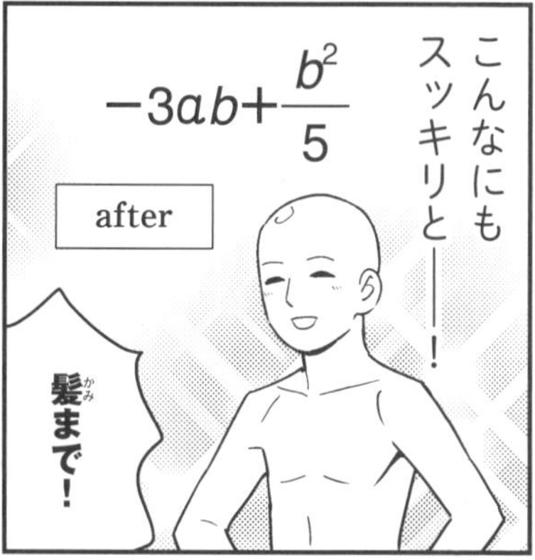
こんなにもスッキリと――!
$-3ab+\frac{b^2}{5}$
after
髪まで!

それじゃあaに小袋の数をあてはめて合計の数を出そう!
そしてみんなで山分けだ!
$3a$
数え終わりましたかなゆたさ…

モッサ
モッサ
食べてる――!

ごめんなさい欲望を抑えきれなくて…
卑しい豚と呼んでくれて構わない
ゴクッ
い言いませんよそんなこと!

1枚だけと思って…12枚いってしまった
いったな―
じゃあハジメくん今あるサブレーは何枚になるだろう?
えっと12枚減ったんだから…こうかな
$3a-12$
そう!
ちなみに小袋は全部で5つあった
よしじゃあaに5を代入してみよう!
だいにゅう?

文字に数字をあてはめることさ
代わりに入れるから代入！
代入
5
3a−12
そっかていうことは35…じゃなくて3×5になって…
35−12
3×5−12

今ある枚数は…3枚だ！
3×5−12
＝15−12
＝3(枚)
そうだ！
…3枚…
申し訳ない…
もう 腹を切ってお詫びするしか…
そこまでのことではないです
やはり私は浅ましい豚…
そんなことないさ
スッ
だから大丈夫
豚であることに誇りをもって……！
豚であることを否定してあげよ…？
豚って…特に子豚なんてすごくかわいいし
あの太ったように見える体も実はほとんど筋肉なんだ

2-2

式の計算

そうですか
息子に数学を…
ジョーくんは
今おいくつ
なんですか？
ハジメの父
十吉
ボクは今
ひとつです
たった
ひとつだけの
存在です
しかし将来的には
8つぐらいに
なりたいと
思っています…！
ハハハ
それはいい
ですねぇ
なんなんだ
この会話…
まあ
狭い家ですけど
我が家と思って
ゆっくりしていって
くださいよ
これが
ボクの城…
憧れの
マイホーム…！
我が家と
思いすぎ
でしょう
キュ
さっ
夕飯もごちそうに
なったところで

食後の授業といきますか！
いっ まだやるの!?
まず覚えてほしい用語がある
式の計算
「項」と
「係数」と
「ジョン万次郎」だ
ジョン万次郎!?

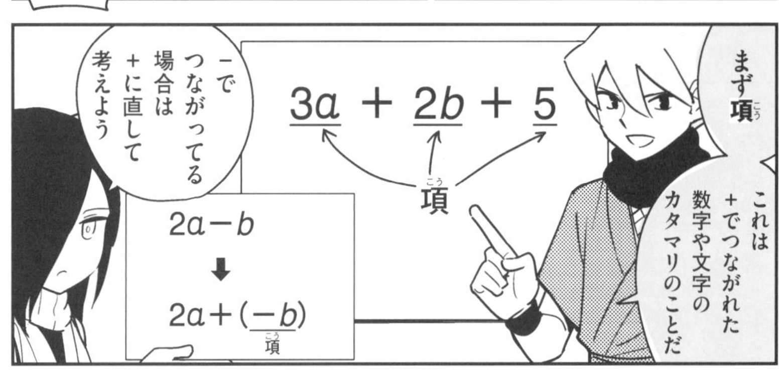

まず項
これは＋でつながれた数字や文字のカタマリのことだ
3a ＋ 2b ＋ 5
項
−でつながってる場合は＋に直して考えよう
2a−b
2a＋(−b)
項

それから係数
これは文字にくっついてる数字のことだ
5x −2y −3
係数
これらの係数は間違いやすいので注意しよう！
a … 係数は1
$-\frac{x}{3}$ … 係数は$-\frac{1}{3}$
$\left(\frac{x}{3}=\frac{1}{3}x\right)$
これは間違いやすいというか間違いでしょ…
スライムB
…係数はスライム
B

そして
ジョン万次郎
日米和親条約の
締結に尽力した
人物だ！
ジョン万次郎
数学
関係ないじゃん！
さて万次郎のことも
わかったところで
文字どうしの
たし算・ひき算に
ついて説明しよう
万次郎は
どうでもいいよ！
いやどうでも
よくはないけど！
式の中に
同じ文字の
項がある場合
$3a+2a+3$
$=(3+2)a+3$
$=5a+3$
係数をたして
1つの項に
まとめることが
できるのだ！
まとめられるのは
同じ文字の項だけ？
その通り
たとえば
この式はこれ以上
まとめられない
$a+b+1$

同じ〈印〉を
刻まれし者どうしは
ひかれ合う…
それが
宿命なのだ……！
$x+1+x+1$
$2x+2$
何それ
かっこいい！
かっこいい
かな？

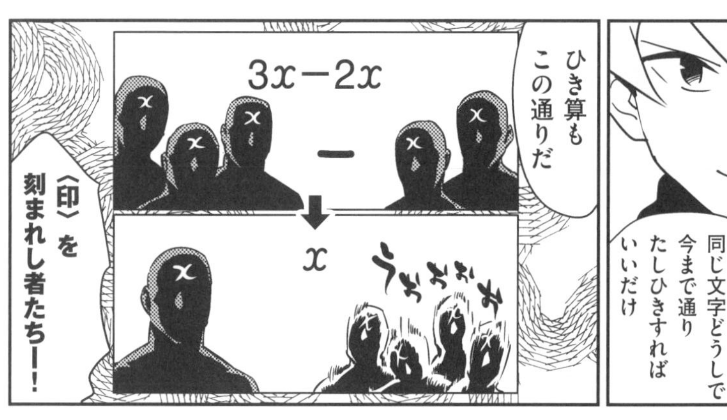
要は
同じ文字どうしで
今まで通り
たしひきすれば
いいだけ
ひき算も
この通りだ
$3x-2x$
x
うおおおお
〈印〉を
刻まれし者たちー！

では次に
かけ算と
わり算！
まず
この式を
見てみよう！
$2a\times3$
小一時間ほど
見てみよう！
いやさっさと
教えてよ！

お母さん…
ハジメがあんなに
学習意欲に燃えて…
ええ
本当に…
いや別に
そういうんじゃ
ないから!!
この式を
図にするなら
こんな感じだ！
$2a\times3$
$2a$
$a\ a$
$a\ a$
$a\ a$
$6a$
なるほど…
2個のaが3つで
6個のaになるんだね

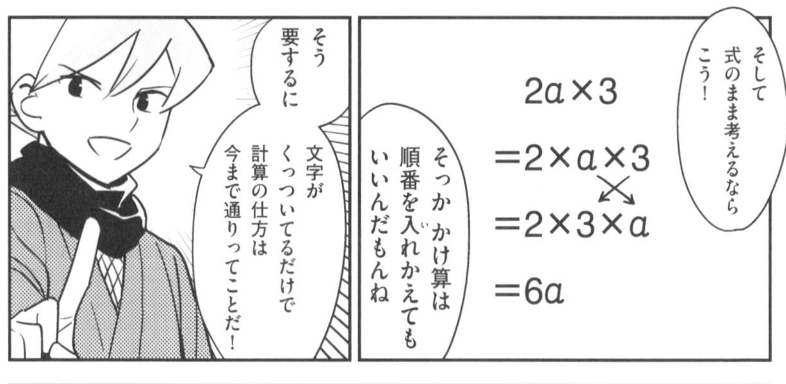
そして
式のまま考えるなら
こう！
2a×3
=2×a×3
=2×3×a
=6a
そっかかけ算は
順番を入れかえても
いいんだもんね
そう
要するに
文字が
くっついてるだけで
計算の仕方は
今まで通りってことだ！

じゃあ
わり算も？
ああ
同じさ
かけ算に直して
いつも通り計算
すれば問題ない
−20a÷4
=−20a×1/4
=−20/4 a
=−5a

それじゃあ
文字と文字を
かけると
どうなるの？
2a×3a
とか
その場合は
こうなるけど
でも今は1次式
だけを扱おう
2a×3a
=6a²
1次式？
式の項の中で
かけられる文字の数が
1個なら1次式
2個なら2次式だ
1次式
2a
x+3
2次式
3a²
xy
でも2次式は
2年生の範囲だから
キミには
まだ早い！
まったく
おませさん
なんだから！
おませさん!?

ひとつ気をつけてほしいのが式にカッコがついている場合だ
(●+■)

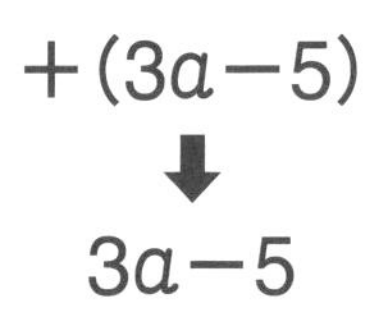
+がついているだけならそのままカッコを外していいのだが
+(3a−5)
3a−5

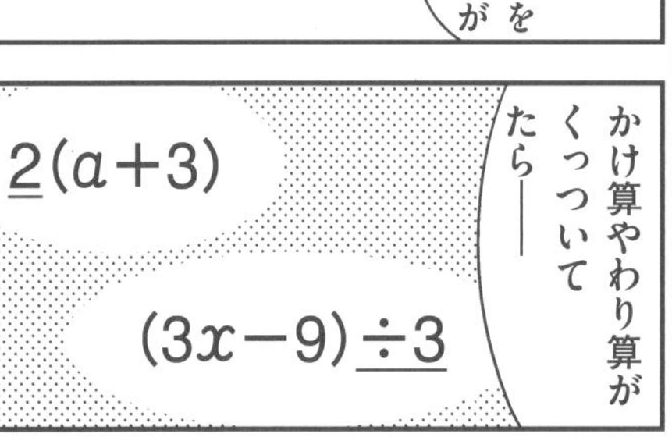
かけ算やわり算がくっついてたら――
2(a+3)
(3x−9)÷3

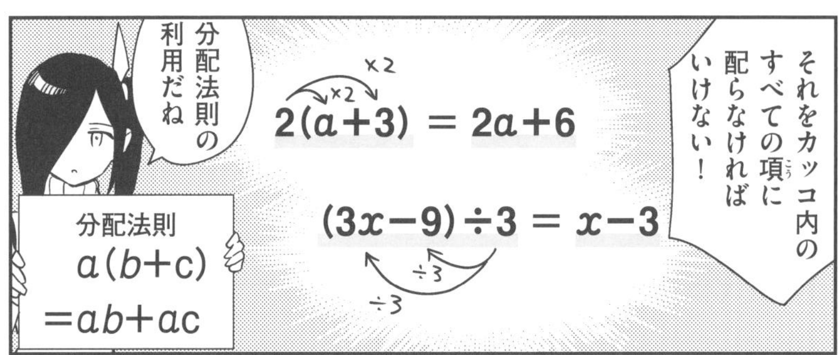
それをカッコ内のすべての項に配らなければいけない!
分配法則の利用だね
×2
×2
2(a+3) = 2a+6
(3x−9)÷3 = x−3
÷3
÷3
分配法則
a(b+c)
=ab+ac

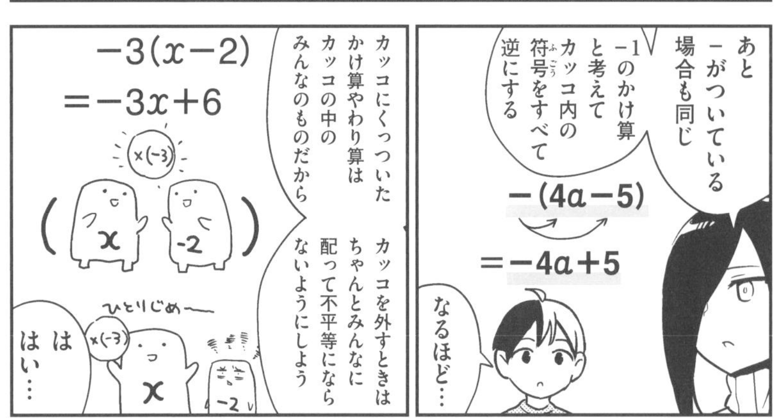
あと−がついている場合も同じ
−1のかけ算と考えてカッコ内の符号をすべて逆にする
−(4a−5)
=−4a+5
なるほど…
カッコにくっついたかけ算やわり算はカッコの中のみんなのものだから
カッコを外すときはちゃんとみんなに配って不平等にならないようにしよう
−3(x−2)
=−3x+6
×(−3)
x
-2
ひとりじめ〜〜
×(−3)
x
−2
はは
はい…

不平等といえば一般に不平等条約といわれる日米修好通商条約
万次郎はこの条約の締結にも関わったよ
万次郎
もういいって万次郎は！
何？万次郎の本でも読んだの？
ピッ
では 最後にもう1つかけ算を――
この式を見てほしい
へ？

パッ
それではお二人の生いたちをご覧いただきましょう

…何これ？
キミのお父さんとお母さんの結婚式だ
棚にあった
中学校では…
あら～
懐かしいなあ
いや…
そういう「式」!?

ていうかさっき
「かけ算」って
言わなかった？
何言ってるんだ？
かけ算じゃないか
お父さん×お母さん
の答え
それがキミ
なんだよ…！
何言ってんだ
この人……

泣かせること
言ってくれる
ねぇ…
ええ…
お父さん
お母さんまで
ハァ…
もういい
僕もう
寝るから
今日はたくさん
頭を使って
疲れたよ
ああ
めちゃくちゃ
頭突き
してたもんね
してないよ！

もー
テキトーな
ことばっか
言わないでよ！
ボクは
いつだって
本気だよ
じゃあ
余計ヤバいよ！
夜は
更けていく…

COLUMN VOL 2

ディオファントスの「本の余白」

図形は「**幾何学**」、方程式などは「**代数学**」と呼ばれています。その〝代数学の父〟と呼ばれるのが、3世紀のディオファントスです（生没年ともに不詳）。彼の著した『算術』はその千年後、16世紀以降のヨーロッパにおいて代数学の発展に寄与しました。
彼の詳細についてはほとんど残っていないものの、現在、彼の名前を人々が耳にするのは、次の二つのエピソードがあるためです。一つめは彼の墓碑銘に書かれた問題です。

ディオファントスの人生は、6分の1が少年期、12分の1が青年期であった。その後、彼の人生の7分の1の年月が経ってから結婚。その後、5年で子どもが生まれた。しかし、その子はディオファントスの一生の半分をいっしょに過ごした後、死んでしまった。子どもを失ってから、ディオファントスは数学に没頭したが、4年後に彼は亡くなった。

さて、ディオファントスは何歳まで生きたか。挑戦してみてください（正解は左ページ）。

ディオファントスの一生を x 年とすると

$$\underbrace{x}_{\text{一生}} = \underbrace{\frac{1}{6}}_{\text{少年期}}x + \underbrace{\frac{1}{12}}_{\text{青年期}}x + \underbrace{\frac{1}{7}}_{\text{人生の7分の1}}x + 5 + \underbrace{\frac{1}{2}}_{\text{一生の半分}}x + 4$$

$$= \frac{14}{84}x + \frac{7}{84}x + \frac{12}{84}x + 5 + \frac{42}{84}x + 4$$

$$= \frac{75}{84}x + 9$$

$$x - \frac{75}{84}x = 9 \qquad \frac{9}{84}x = 9 \qquad x = 84\text{(年)}$$

二つめは、フランスの数学者フェルマー（1607年～1665年）に関してです。

フェルマーがディオファントスの『算術』を読んでいたとき、後世に残る有名な走り書きを本の欄外に残しました。

それは「私はこのことについて、真に驚くべき証明を発見したが、その証明を書くには余白が狭すぎる」というもの。

フェルマーが証明を発見した内容というのは、「3以上の自然数 n について、$x^n + y^n = z^n$ を満たす自然数の組（x、y、z）は存在しない」（$n=2$ のときは三平方の定理です）というものでした（フェルマーの最終定理）。

フェルマーには、自分では証明せず他人に証明させようとするクセがありました。自分で証

COLUMN
VOL
2

自分で
証明したくない
だけだろ

もうすこし
余白多めの本にしてよ
ディオファントスさん
算術
フェルマー

ディオファントス

明すると些細な点で攻撃を受けるなど、時間を取られることも影響したようです。多くの場合、他の数学者がフェルマーの指摘をもとに証明してきたため、この問題も容易に解けるだろうと考えられていました。しかし、1995年にアンドリュー・ワイルズが証明するまで、なんと360年の時間を費やしたのです。

ディオファントスは謎多き人物で、その生涯はほとんど不明ですが、本の余白でこれほど有名になった人は、後にも先にも彼一人でしょう。

第3章

方程式

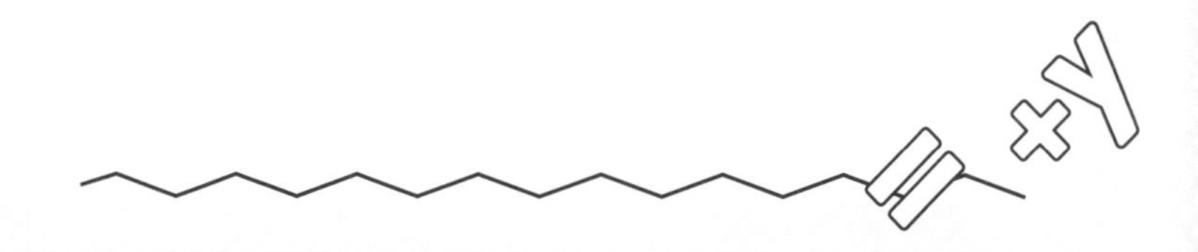

3-1 方程式(ほうていしき)の解き方

さあ！今日も数学王目指して頑張(がんば)るぞーっ！
そこまで目指してないよ

というわけで今日は方程式(ほうていしき)について教えよう
ウソばっかり教えよう
本当のことも教えて
いや本当のことだけ教えて

方程式の前に
まず等式について説明するでゲス

……なんで急にゲスとか言い出したんですか
昨夜マンガを読んでたらそういうキャラがいて
私にピッタリだと思って
ゲス…
そんなことないですよ…

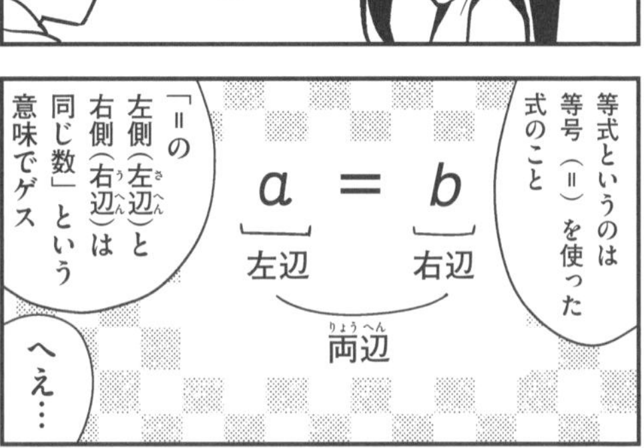

等式というのは等号（＝）を使った式のこと
a ＝ b
左辺
右辺
両辺(りょうへん)
「＝の左側（左辺(さへん)）と右側（右辺(うへん)）は同じ数」という意味でゲス
へえ…

そして
方程式は「文字を含む等式」！
$2x+1=7$
この文字に特別な値を入れたときだけ式が成り立つのだ！
特別な値？

たとえば「1」を代入してみると
$2\times1+1=7$
$3=7$
ちがう
3＝7になっておかしいよね
じゃあ「2」は…
$2\times2+1=7$
$5=7$
ちがう
これも違う
なら「3」は…
$2\times3+1=7$
$7=7$
あってる！
これだ！
つまりxにあてはまる値は「3」──
$x=3$
これを方程式の解という！

問題文に「方程式の解を求めるでゲス」とあったら
このxにあてはまる数を答えればいいでゲス
問題文にゲスが感染しちゃってますね…
とにかく…xに数字を1つずつ代入していけばいいってこと？
いや一発でxをズバリ！ブシャア！と見つける方法がある
血出てない？

「等式の性質」を利用するんだ
等式の性質？
ここに重さが等しいお寿司Aとお寿司Bがある
ドン
変なてんびん…
どっから出したの…

等式の性質　A＝Bのとき…

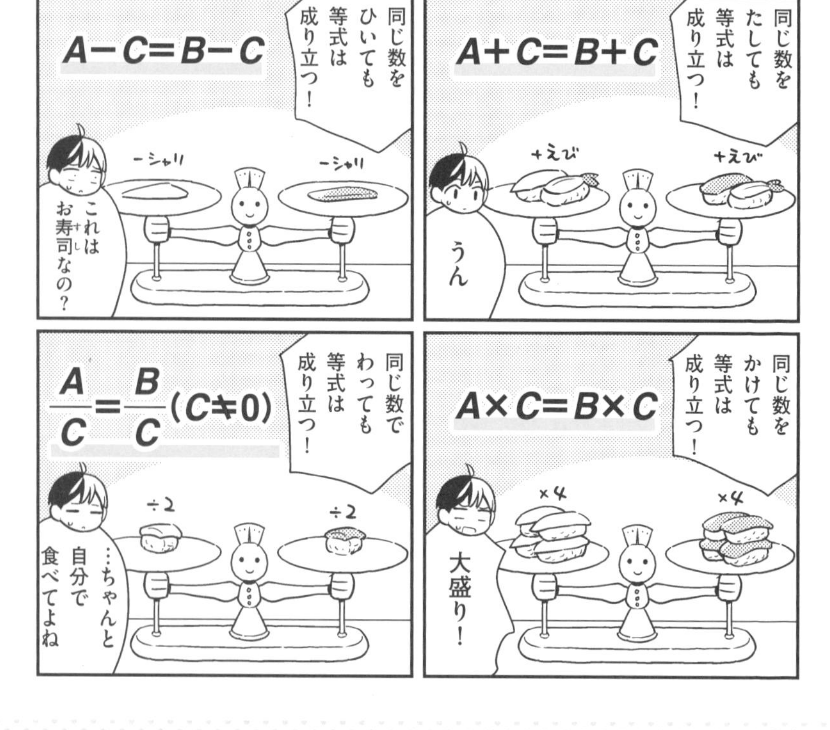
同じ数をたしても等式は成り立つ！
A+C=B+C
+えび
+えび
うん
同じ数をひいても等式は成り立つ！
A−C=B−C
−シャリ
−シャリ
これはお寿司なの？
同じ数をかけても等式は成り立つ！
A×C=B×C
×4
×4
大盛り！
同じ数でわっても等式は成り立つ！
A/C=B/C (C≠0)
÷2
÷2
…ちゃんと自分で食べてよね

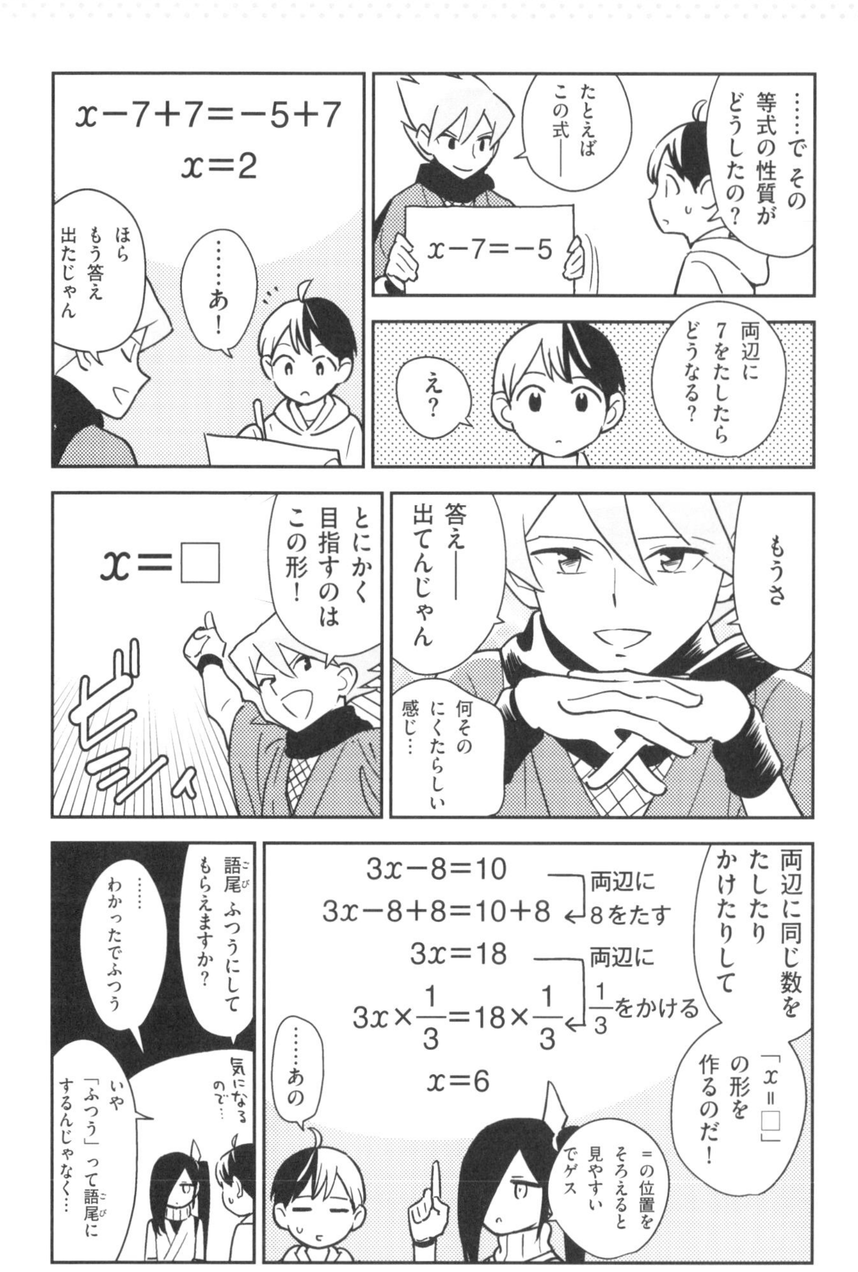
……で その
等式の性質がどうしたの？
たとえば この式——
$x-7=-5$
両辺に7をたしたらどうなる？
え？
$x-7+7=-5+7$
$x=2$
……あ！
ほら もう答え出たじゃん
もうさ
答え——出てんじゃん
何そのにくたらしい感じ…
とにかく目指すのはこの形！
$x=\square$
ビシィ
両辺に同じ数をたしたりかけたりして
「$x=\square$」の形を作るのだ！
$3x-8=10$
$3x-8+8=10+8$
両辺に8をたす
$3x=18$
$3x\times\frac{1}{3}=18\times\frac{1}{3}$
両辺に$\frac{1}{3}$をかける
$x=6$
＝の位置をそろえると見やすいでゲス
……あの
語尾ふつうにしてもらえますか？
気になるので…
……わかったでふつう
いや「ふつう」って語尾にするんじゃなく…

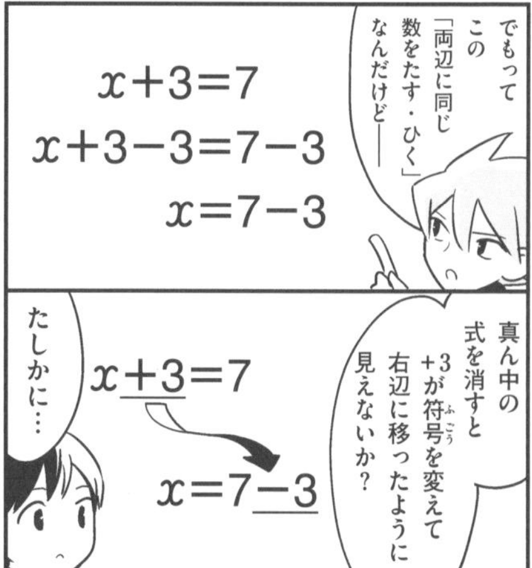

でもって
この
「両辺に同じ
数をたす・ひく」
なんだけど――
$x+3=7$
$x+3-3=7-3$
$x=7-3$
真ん中の
式を消すと
+3が符号を変えて
右辺に移ったように
見えないか？
たしかに…
$x+3=7$
$x=7-3$

これを
移項という！
項の
符号を変えて
逆の辺に
移すことが
できるんだ
文字の項も
移せるよ
$2x=x+4$
$2x-x=4$
$x=4$

けっきょく
方程式を解くのに
使う道具は
これだけ！
移項
両辺に
同じ数を
かける
わり算は
分数の
かけ算ね

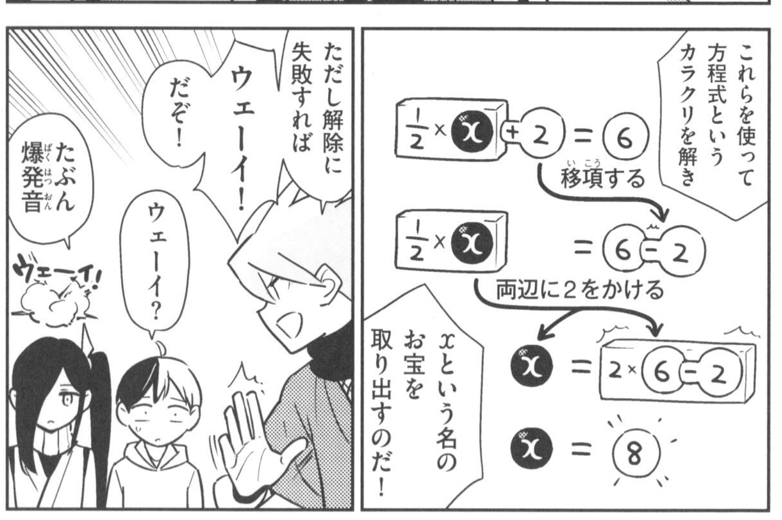

これらを使って
方程式という
カラクリを解き
$\frac{1}{2}\times x+2=6$
移項する
$\frac{1}{2}\times x=6-2$
両辺に2をかける
$x=2\times(6-2)$
$x=8$
xという名の
お宝を
取り出すのだ！
ただし解除に
失敗すれば
ウェーーイ！
だぞ！
ウェーーイ？
たぶん
爆発音
ヴェーーイ！

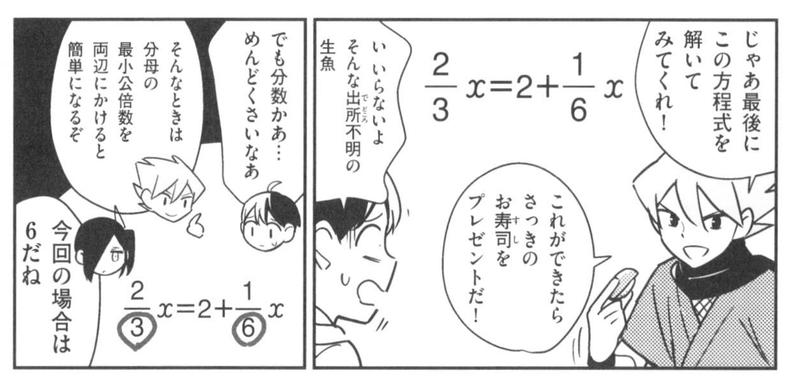

じゃあ最後にこの方程式を解いてみてくれ!
$\frac{2}{3}x=2+\frac{1}{6}x$
これができたらさっきのお寿司をプレゼントだ!
いいらないよそんな出所不明の生魚
でも分数かあ…めんどくさいなあ
そんなときは分母の最小公倍数を両辺にかけると簡単になるぞ
今回の場合は6だね
$\frac{2}{3}x=2+\frac{1}{6}x$

えっと両辺に6をかけて…?
$\frac{2}{3}x\times6=2+\frac{1}{6}x\times6$
辺全体にかけないとダメだよ
$\frac{2}{3}x\times6=\left(2+\frac{1}{6}x\right)\times6$
あっそうか…
カッコを忘れずに

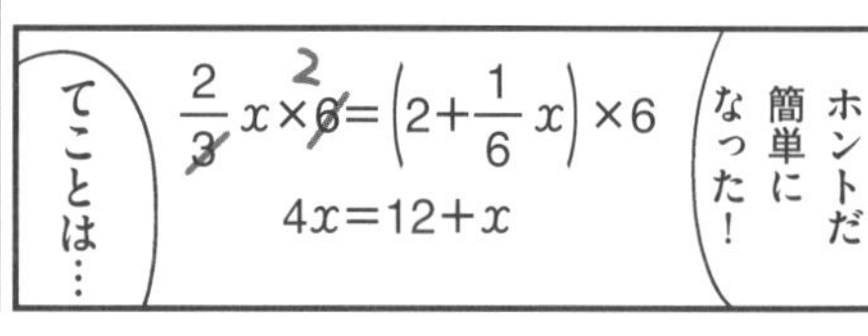

ホントだ簡単になった!
$\frac{2}{3}x\times6=\left(2+\frac{1}{6}x\right)\times6$
$4x=12+x$
てことは…

$4x-x=12$
$3x=12$
$x=4$
解は…4か!
おーっ

スポン
正解!
ほどよく熟成されたおいしいお寿司であった

3-2

方程式の利用

タロいも～
ガララ
あ 違った ただいま～
どんな言い間違いなの…
ガサガサ
あれ 何か買ってきたの？
ああ 50円のミカンと80円のリンゴを合わせて9個買ったんだけどね
全部で510円だったんだ
？
…あれ？

ボクはミカンをいくつ買ったんだろう…？
ええ？ 何言って…
あっ 数学の問題だこれ！
さりげなく組みこんできたけどすごい不自然だよ！

えっ何？
数学？
ボクは純粋にミカンの数を知りたいんだけど…
じゃー
見ればいいじゃん
袋の中を！
そこ
とぼけなくていいから！
あれっ
ひょっとしてこれって…
方程式を使えばわかるんじゃない!?
50円のミカンと
80円のリンゴを
合わせて9個買ったら、
代金の合計は510円でした。
ミカンは何個買いましたか。
うわー
完全に
文章題だよ～
さてじゃあ
方程式の文章題を
解いていこう
手順はこう！
①方程式を作る！
②方程式を解く！
③解を検討する！
もう自分で
文章題って
言っちゃってるし…

①方程式を作る！
では
どうやって
方程式を
作るか？
方程式は
「文字を含む」
「等式」なので
やることは
2つ！
・問題文の中のどの数量を
文字(x)にするか決める
○○の数はいくつでしょうか
→x
・xを含む等式を作る
□x+□=□
えっと
文字を
決めて…？

まず何を
xにするか？
今回は
「ミカンは何個か」
ときかれてるので
「ミカンの個数」を
xとしよう
50円のミカンと
80円のリンゴを
合わせて9個買ったら、
代金の合計は510円でした。
ミカンは何個買いましたか。
x
うん
次に
xを含んだ
等式を作ろう
ミカンの単価
50円
リンゴの単価
80円
個数の合計
9個
代金の合計
510円
ミカンの数
x個
問題文に
出てくる情報を
組み合わせて～
まず言葉で
式を作ってみる！
ミカンの代金 ＋ リンゴの代金 ＝ 代金の合計
（ミカンの 単価 × 個数）（リンゴの 単価 × 個数）
リンゴの個数は
（個数の合計）－（ミカンの個数）
でわかるね
で、ここに
数字と文字を
あてはめれば…
方程式の
完成だ！
ミカンの代金 ＋ リンゴの代金 ＝ 代金の合計
$50x + 80(9-x) = 510$
どうだ
まいったか！
いや
まいらないけど
これを解けば
ミカンの個数が
わかるんだね

②方程式を解く!
さあ方程式を解いていこう!
えーっとxは…−10かな!
スッ
本当は
$50x+80(9-x)=510$
$50x+720-80x=510$
$50x-80x=510-720$
$-30x=-210$
$x=7$

③解を検討する!
最後に解がちゃんと問題文に合ってるかチェックして…
サッ
今回の場合
ミカンの数は
9より小さい自然数
でないとおかしい
なるほど…おかしな答えならここで気づけるんですね

そうか!ボクは−10個のミカンを買ってきた…
つまり10個のミカンを売ってきたってことか〜!
気づけませんでしたね…
答えより彼の方がおかしかった
とにかく答えは「7個」
「$x=7$」は答えじゃないので注意
そういやそうだったなー

さ！
答えもわかった
ところで！
フルーツ
まつり
開幕だ
〜〜〜〜!!
ゴロロ
リンゴと
ミカンだけ
だけどね

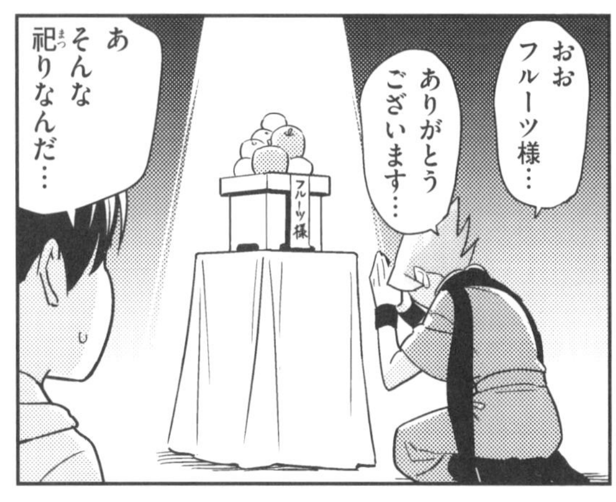
おお
フルーツ様…
ありがとう
ございます…
フルーツ様
あ
そんな
祀りなんだ…

そうだ！
ところで…

ここに
40cmのヒモが
あってさ
ヒモ？
これを
3：5の比率で
分けたいん
だけど…
長い方が
何cmになるように
切ればいいいん
だろう…？
あっまた
文章題!?
いちいち
不自然すぎるよ！
話の組みこみ方が！

え
文章題？
何それ…
はじめて聞く
言葉だ
いやそんなわけ
ないでしょ！
あっ！
ひょっとして
この疑問…
比例式を
使えば
解けるん
じゃない!?
ズシッ！
比例式？

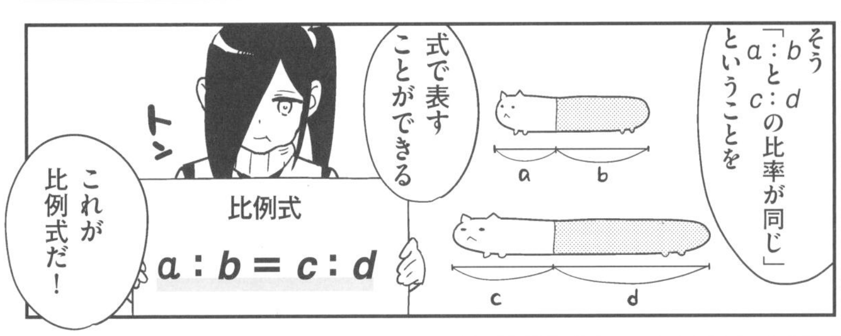
そう
「a:bとc:dの比率が同じ」
ということを
a
b
c
d
式で表す
ことができる
トン
これが
比例式だ！
比例式
a：b＝c：d

そして比例式には
こんな性質がある！
a：b＝c：dならば
ad＝bc
外どうし
a：b＝c：d
内どうし
へぇー…
なんでだろ
なんでそうなるかは
森の奥の石碑に
刻んでおいたから
興味があれば
読んでくれ
え
うん
教科書で
読んで
おくよ
a：b＝c：dなので
a/b＝c/d
両辺にbdをかけて
a/b×bd＝c/d×bd
ad＝bc

で 今回は
こういう問題だから
40 cm のヒモを
5：3になるように分けたい。
絶対に…分けたいんだ…！
長い方が何 cm になるように
すればよいか。
…3行目
いる？

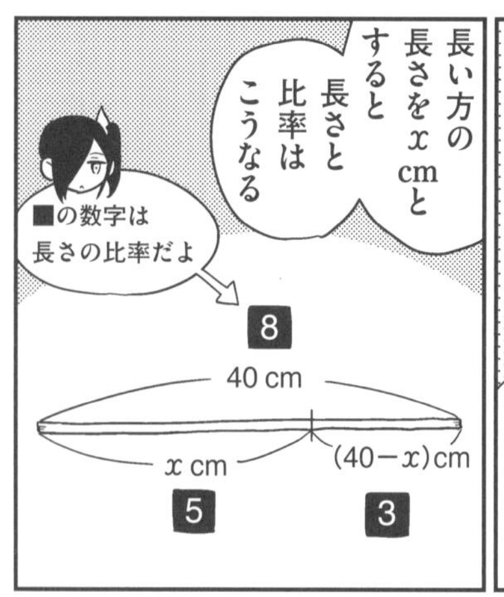
長い方の
長さを x cmと
すると
長さと
比率は
こうなる
■の数字は
長さの比率だよ
8
40 cm
x cm
(40－x)cm
5
3

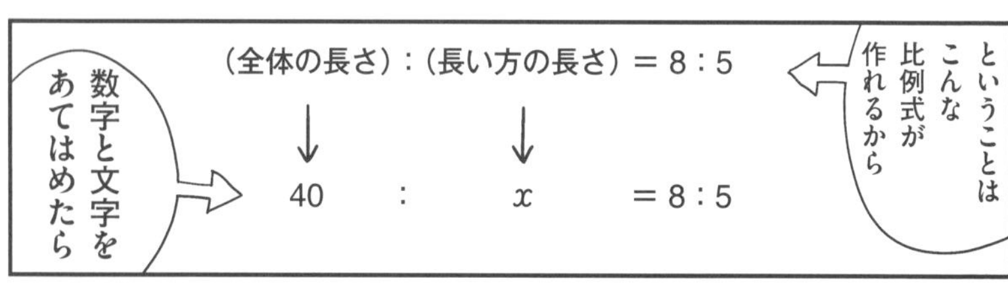
ということは
こんな
比例式が
作れるから
（全体の長さ）：（長い方の長さ）＝8：5
40 ： x ＝8：5
数字と文字を
あてはめたら

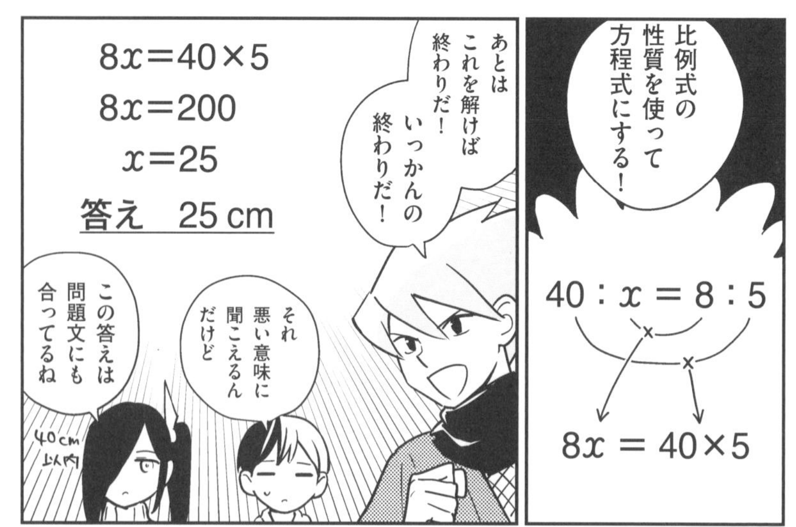
比例式の
性質を使って
方程式にする！
40：x ＝ 8：5
8x ＝ 40×5
あとは
これを解けば
終わりだ！
いっかんの
終わりだ！
8x＝40×5
8x＝200
x＝25
答え 25 cm
それ
悪い意味に
聞こえるん
だけど
この答えは
問題文にも
合ってるね
40cm
以内

あー
よかった
これで無事
ヒモを
5：3にできる
世界も
救われる
そんな大ごと
だったんだ…
……
ところで
ピク
この棒
長さが28cm
直径が3cm
なんだけど…
また来た！
すごく
手になじむ
いい棒
だなぁ…
文章題じゃ
ないの!?
…………
そんだけ!?
しばらくの間
文章題の気配に
身構えつづけたという
ピクッ
水を720ml
のむぞー

COLUMN VOL 3

お見合いに方程式がある!?

ここでは数学から少し離れ、人生に役立つ、しかも数学的な裏付けのある「勝利の方程式」を一つご紹介しておきましょう。名づけて「お見合い方程式」です。この手順でやれば、お見合いだけでなくさまざまな問題もうまくいく確率が上がります。

いま、あなたがお見合いをして少しでも良い結婚相手を選びたいとします。ルールとしては、1人ずつ会い、そこでイエスかノーかを決断します（後戻りはできない）。最初の人を見てけっこう気に入ったとしても、そこで決めてしまってはいけません。なぜなら、2人目にもっと気に入る人を紹介される可能性があるからです。

すると、最初の何人かは無条件でスルー（見送る）し、その後からは「見送った人たちの中で最高だったと思う人」と比較する――という手順です。

「比較して決める」ためには、最低限、2人以上が必要ですから、最初の人は無条件でスルーです。もちろん、結果的に「最初の人がいちばん良かった」という可能性はありますが、そのときは潔くあきらめてください。

次に、2人目とお見合いしたとき、1人目よりも良ければそこで結婚を決意したいと思うかもしれませんが、「1人目よりも良ければ」というのは、比較対象（材料）があまりに少なすぎるでしょう。

では、何人であればよいでしょうか。無限に会うわけにはいきませんから、スルーするにしても限度があります。あまり結論を先のばしにしすぎると、今度は残りの人が少なくなり、そのなかに「最良の人」が残っている確率が小さくなります。

答えから言ってしまえば、いま、10人とお見合いするなら、3人目までは涙をのんでスルーし、4人目以降で「それまでの中で最高」と思える人に出会ったなら、その人を選ぶとよい、ということがわかっているのです。

具体的には、会える人数をn人としたとき、n/e（e=2.718……）という数式（これこそ「お見合い方程式」）で表せることがわかっています。eはネイピア数と呼ばれ、πと並ぶ特別な数（超越数）です。

もし10人であれば、10÷2.7=3.7ですから、最初の3人か4人（37%）をスルーせよ、ということです。8人であれば8÷2.7=2.96となるので、3人をスルー。それ以降は「それまでの中で最高」の人に会えたらそこで決断します。

COLUMN VOL 3

「お見合い方程式」の応用例を二つあげてみましょう。

まず、ビジネス応用。あなたが人事で会社の中途採用を担当するとします。15人の候補者がいますが、忙しいため候補者とはそれぞれ一度しか面接できないとします。順番に面接して1人だけ採用する場合、15/e＝5.5ですから、最初の5人はスルーし、その後、それ以上の逸材と会えたら採用して終了するという手順です。あなたが15人の候補者の一人なら、6番目以降に面接したほうがいいことになります。

次は身近な例。あるドーナツ屋さんでは20種類のドーナツが並んでいて、お客さんが順々に並んでドーナツをトレイに取り、レジに進むスタイルだとします。もちろん、後ろには戻れません。いま財布を確認したら、ドーナツを1個しか買えないことに気づきました。そして、お客さんがたくさんいるため、前のほうにはどんなドーナツが並んでいるのかもよく見えない……。そんなときには、20/e＝7.4ですから、7種類くらいはスルーして、8種類目くらいから「これまでの中でいちばん好きそうなドーナツ」を買うようにすれば、あなたの満足度はかなり高くなる、というわけです。

なお、お見合い方程式は確率で考えていますので、数が小さいときはあまり効果が高くありません。3人しかいないなら、最初から勝負です！

第4章

比例

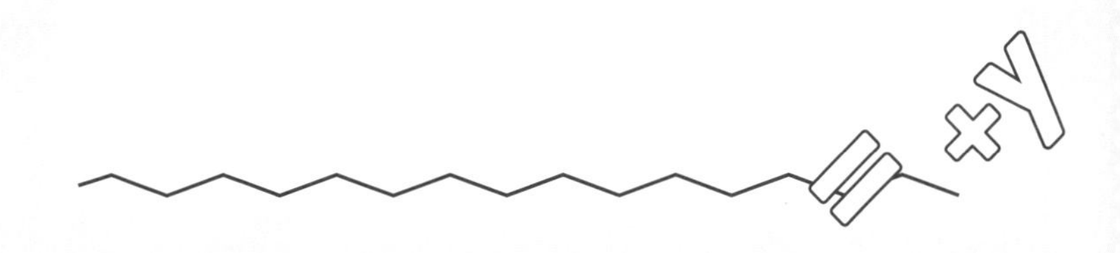

4-1

関数と比例

お
こどもの
とびだし注意
あぶない
テク
テク
テク
子どもの
飛び出し注意
だって
うん

子どもの
何が飛び出すん
だろうね？
目ん玉
かな
ボーン
違うよ！
子ども
そのものが
飛び出して
くるの！
そうだよ

子どもが
野犬の腹を破って
飛び出して
くるんだよ
ボびーン
いやそれも
違います！
違うし
怖いです！
……でも
なんで急に
「歩こう」なんて
言い出したの？
テク
テク
比例を実践
するためさ！
比例？

そう
この表みたいに
xが2倍、3倍、4倍、…
になると
yも2倍、3倍、4倍、…
になるとき
「yはxに比例する」
というのだ!
×3
×2
x	0	1	2	3	4	5
y	0	3	6	9	12	15
×2
×3

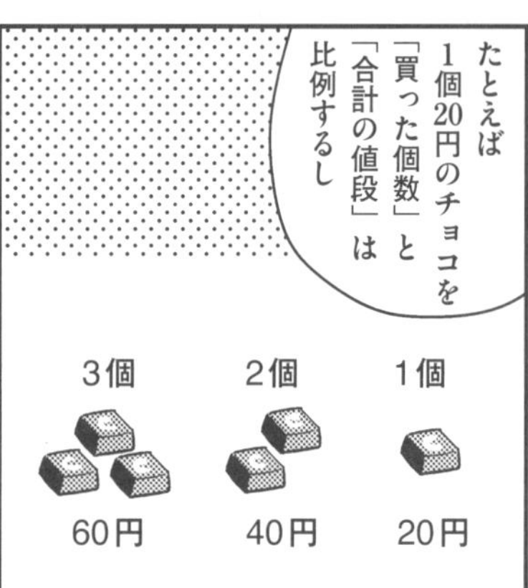
たとえば
1個20円のチョコを
「買った個数」と
「合計の値段」は
比例するし
3個
2個
1個
60円
40円
20円

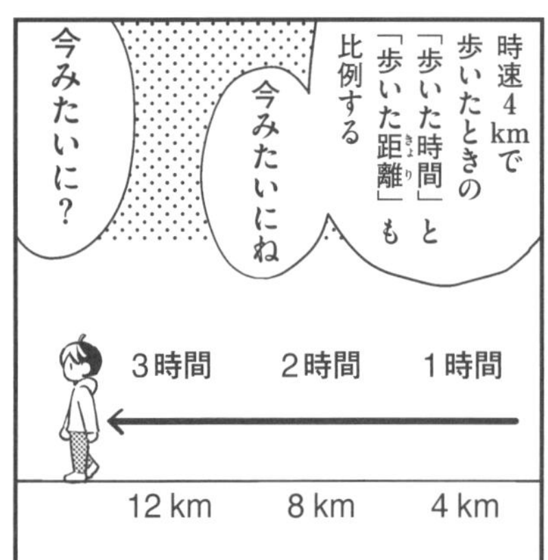
時速4 kmで
歩いたときの
「歩いた時間」と
「歩いた距離」も
比例する
今みたいにね
今みたいに?
3時間
2時間
1時間
12 km
8 km
4 km

…あ!
それで今
歩いてるって
こと!?
そう!
我々は今
比例の
まっぱだかに
いるのだ!
「まっただなか」
だよ
テク
テク
4 km/時
そして
「歩いた時間」をx
「歩いた距離」をy
とすると
今の我々は
こう表せる!
$y = 4x$
距離
速度 時間

実はこの式の形が大事！
比例は全部この「$y=$□x」の形で表せるんだ！
$y=$□x
そうなの？
でこの□をかっこよく「a」に変えて──
$y=ax$
aは定数
これが「xとyが比例している」ことを表す式だ！

「aは定数」っていうのは？
$y=ax$
$y=200x$
$y=-4x$
$y=\frac{2}{5}x$
1つの式の中で値が変わったりしない「一定の数」ということ
特に比例の式の定数aを比例定数というよ
それに対してxやyは変数といって1つの式の中で値が変わる
$y=3x$
$3=3\times1$
$-9=3\times(-3)$
$300=3\times100$
変数…

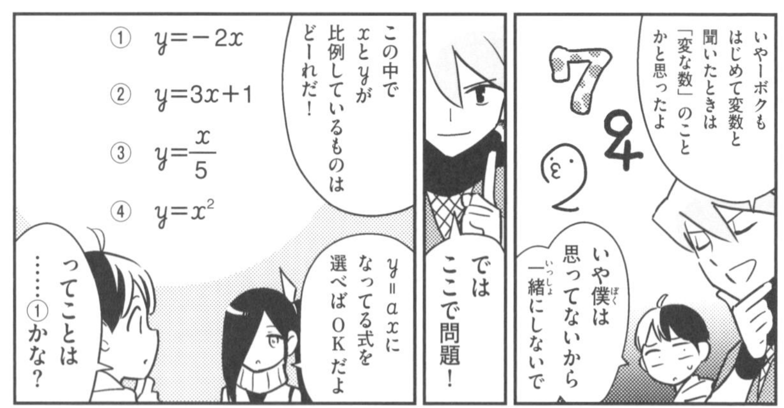
いやーボクもはじめて聞いたときは「変な数」のことかと思ったよ
いや僕は思ってないから一緒にしないで
ではここで問題！
この中でxとyが比例しているものはどーれだ！
① $y=-2x$
② $y=3x+1$
③ $y=\frac{x}{5}$
④ $y=x^2$
$y=ax$になってる式を選べばOKだよ
ってことは……①かな？

惜しい！
③も比例の式だ！
① y=−2x
(a=−2)
③ y=x/5
(a=1/5)
あっしまった
ただしどれも「関数」ではあるんだけどね
関数？

そうともなって変わるxとyがあって
xの値が決まるとyの値も1つに決まるとき「yはxの関数」というんだ
x → y
1つに決まる…？
たとえば1本のヒモを切るとき「片方の長さx」と「もう片方の長さy」は関数だし──
30 cm
x cm
y cm
xが10 cm ➡ yは20 cm
1つに決まる！
「ボクの体重x」と「ハジメくんの体重y」は関数じゃないってわけ
x kg
y kg
xが50 kg ➡ yは？？
1つに決まらない
何の関係もないもんね

え－そんな関係ないなんて言わないでよ～
くさい水じゃーん
水くさいでしょ！
なにくさい水って！

とにかく比例もいろいろな関数の中の1つなんだよ
関数のなかまたち
二次関数
比例
三角関数
そうなんですね…

じゃあ1つ比例の問題を解いてみよう
yはxに比例し、x=2のときy=8となる。x=−4のとき、yの値を求めなさい。
恥ずかしいな～
?

まずyがxに比例しているってことはこの式が使える
y=ax

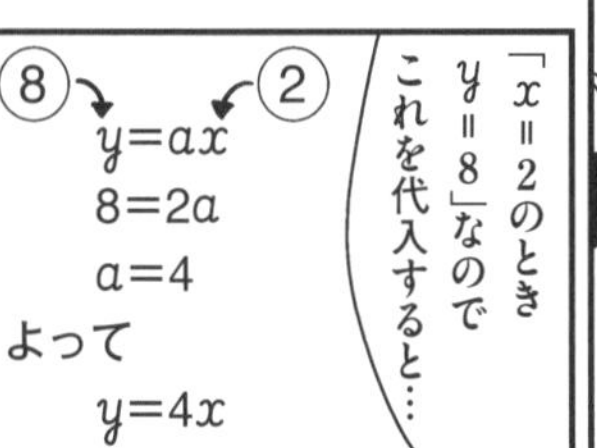

「x=2のときy=8」なのでこれを代入すると…
⑧ ②
y=ax
8=2a
a=4
よって
y=4x

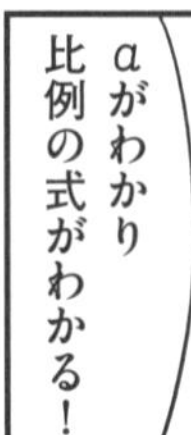

aがわかり比例の式がわかる！

あとはxに−4を代入すれば…
y=4x
xに−4を代入
y=4×(−4)
y=−16
答え　−16
あっyが出た
ってわけだ！

………ところでこれいつまで歩きつづけるの？
もうつかれたんだけど
変域がわかるまでさ！
変域？

変数のとりうる値の範囲を「変域」といって

言葉	不等号	数直線
3以上（3を含む）	$x \geqq 3$	3
3より大きい（3を含まない）	$x > 3$	3
3以下（3を含む）	$x \leqq 3$	3
3未満（3を含まない）	$x < 3$	3

こんなふうに表せるんだ！

んん？

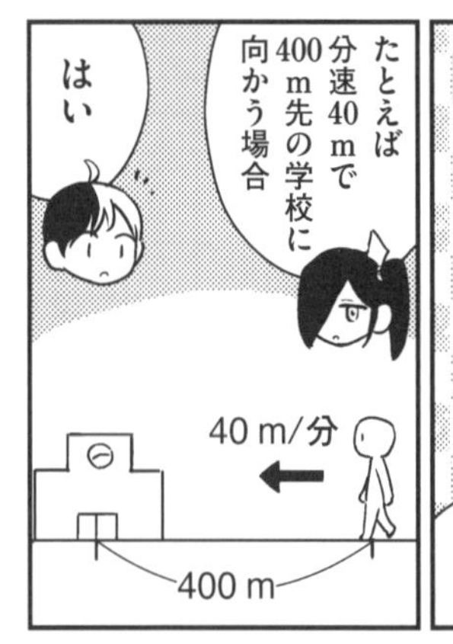

たとえば分速40mで400m先の学校に向かう場合
はい
40 m/分
400 m

10分を超えると学校の先の毒沼に入ってしまうでしょう?
学校の先の毒沼!?
そこで変域を設定しておけば安心というわけ
歩いた時間をx分として
言葉 xは10以下
不等号 $x \leqq 10$
数直線
10
なるほど…
さあ歩こう!
歩みが止まったところがボクらの変域だ!
え〜
あ
ズン
ズン
犬——
ホントだ
いけない
犬から子どもが飛び出す…!
ないない!!
フハハ!キミにボクの歩みが止められるかな!?
ズン
ズン
おぶっ
あ 止まった
記録30分 0.5時間ね
$x \leqq 0.5$
猛犬注意

4-2
座標と比例のグラフ

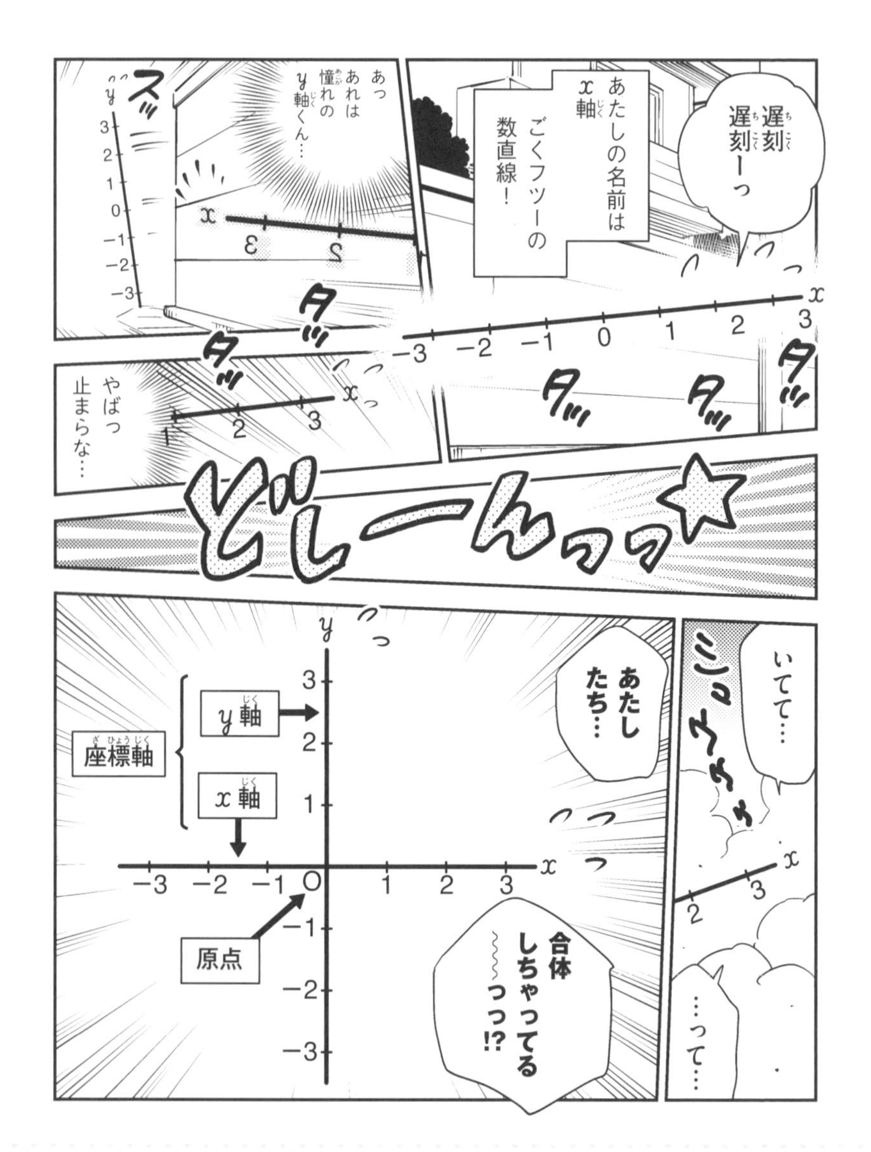

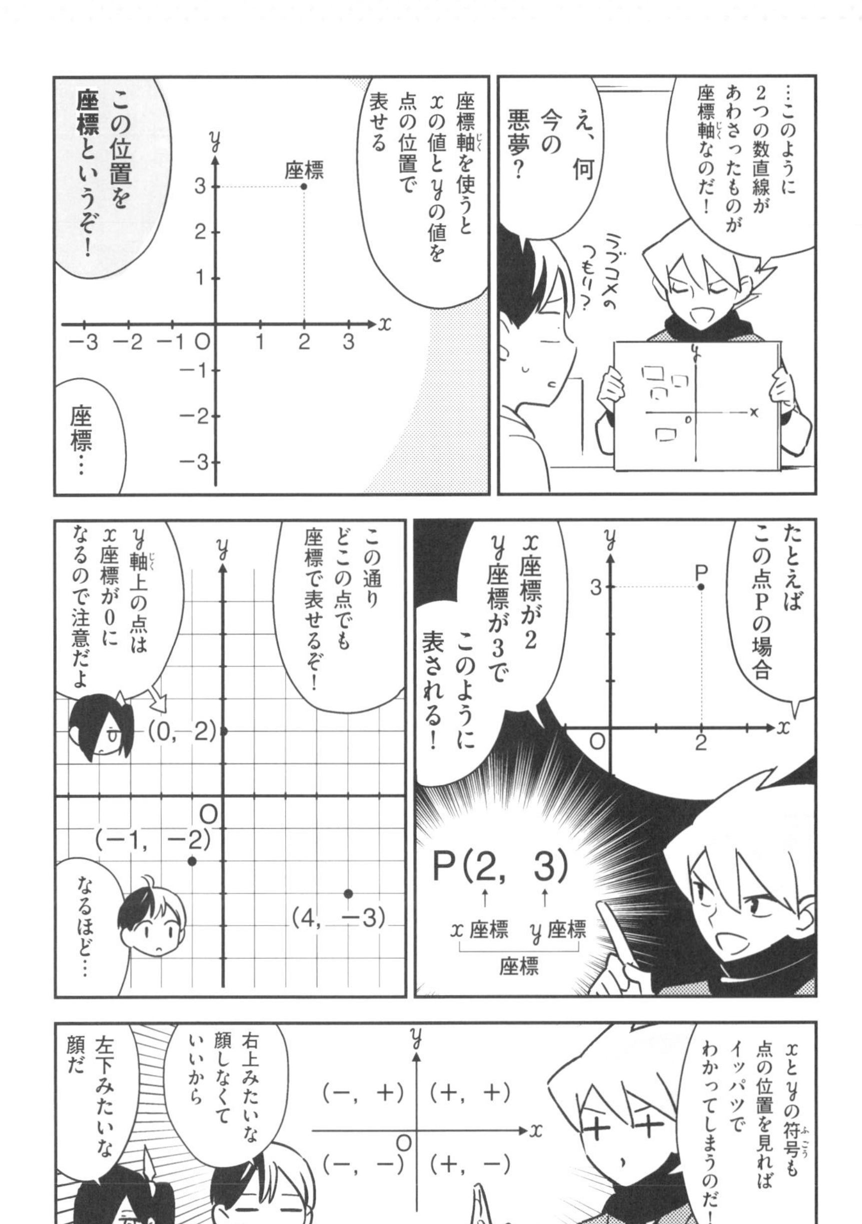
…このように
2つの数直線が
あわさったものが
座標軸なのだ！
え、何
今の
悪夢？
ラブコメの
つもり？
座標軸を使うと
xの値とyの値を
点の位置で
表せる
座標
この位置を
座標というぞ！
座標…
たとえば
この点Pの場合
x座標が2
y座標が3で
このように
表される！
P(2, 3)
x座標
y座標
座標
この通り
どこの点でも
座標で表せるぞ！
y軸上の点は
x座標が0に
なるので注意だよ
(0, 2)
(−1, −2)
(4, −3)
なるほど…
xとyの符号も
点の位置を見れば
イッパツで
わかってしまうのだ！
(−, +)
(+, +)
(−, −)
(+, −)
右上みたいな
顔しなくて
いいから
左下みたいな
顔だ

では比例のグラフをかいてみよう！
y=2x
x −3 −2 −1 0 1 2 3
y −6 −4 −2 0 2 4 6
うん
この表の通りに座標を打っていくと――
トン
トン
こうなる！
y
5
O
−5
5
x
−5
きれいに並んだね
でも点はこれだけじゃないよね
これらの点と点の間にも無数の点があるはずだ
トトトト
たしかに…
O
それらの点をすべて打つ！
ダダダダダダダダダダダ
するとできるのが……
比例のグラフだ…！
あっ点が線に…
腕大丈夫!?
y
5
y=2x
O
−5
5
−5
だら〜ん…
安いもんさ…キミのためなら
腕の一本や二本や千本…
ありがとう…千手観音かな？

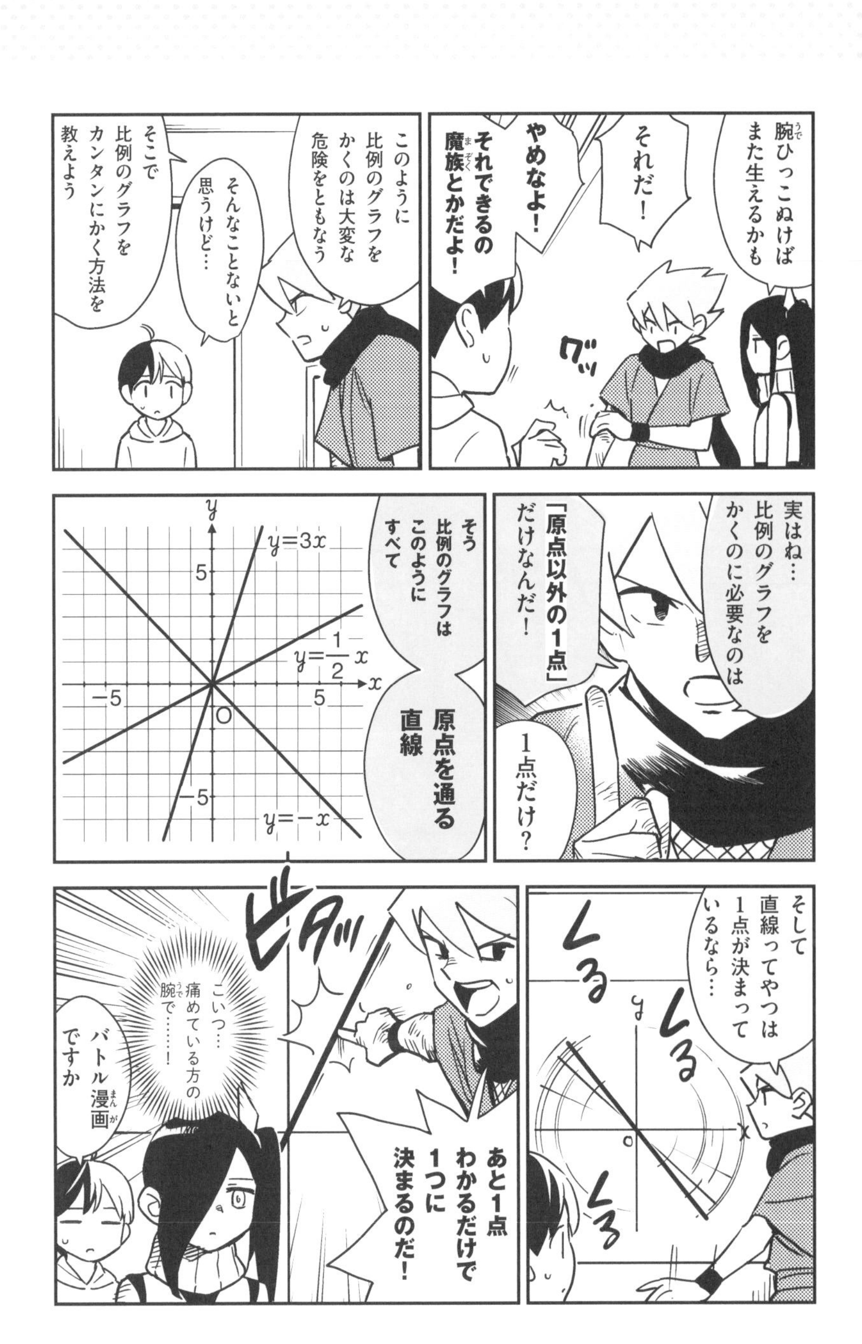
腕ひっこぬけばまた生えるかも
それだ!
やめなよ!
それできるの魔族とかだよ!
グッ
このように比例のグラフをかくのは大変な危険をともなう
そんなことないと思うけど…
そこで比例のグラフをカンタンにかく方法を教えよう
実はね…比例のグラフをかくのに必要なのは
「原点以外の1点」だけなんだ!
1点だけ?
そう比例のグラフはこのようにすべて
原点を通る直線
$y=3x$
$y=\frac{1}{2}x$
$y=-x$
5
−5
O
そして直線ってやつは1点が決まっているなら…
くる
くる
くる
あと1点わかるだけで1つに決まるのだ!
ビタッ
こいつ…痛めている方の腕で……!
バトル漫画ですか

なのでたとえば
$y=2x$のグラフが
かきたいとしよう
もう3日間
何も食べてなくて…
$y=2x$のグラフが
かきたくて
たまらないとしよう
いや
ご飯
食べたく
なろうよ
そんなときは
まず
xとyの値を
1組求めて
$y=2x$
$x=1$のとき
$y=2\times1$
$y=2$
(1, 2)を通る

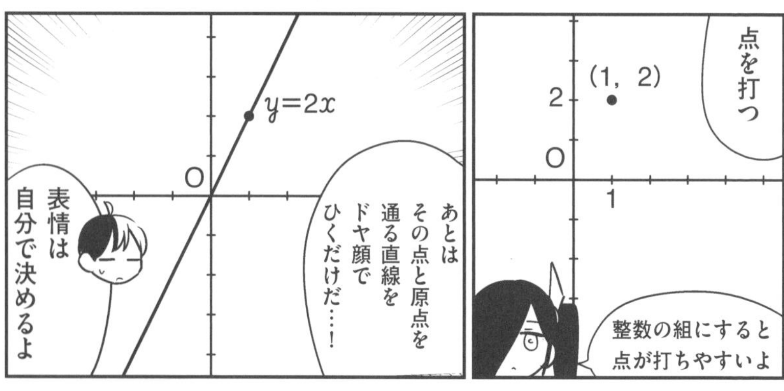
点を打つ
(1, 2)
2
O
1
整数の組にすると
点が打ちやすいよ
あとは
その点と原点を
通る直線を
ドヤ顔で
ひくだけだ…！
$y=2x$
O
表情は
自分で決めるよ

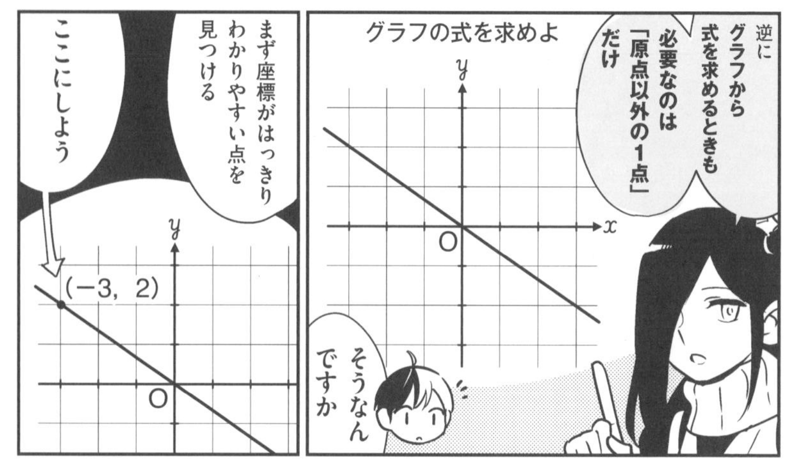
逆に
グラフから
式を求めるときも
必要なのは
「原点以外の1点」
だけ
グラフの式を求めよ
y
x
O
そうなん
ですか
まず座標がはっきり
わかりやすい点を
見つける
ここにしよう
y
(−3, 2)
O

あとは この座標を 比例の式に 代入すれば
答えが ドロリと 出てくる
2
−3
$y=ax$
$2=a\times(-3)$
$a=-\frac{2}{3}$
グラフの式は
$y=-\frac{2}{3}x$
イヤな出方 ですね…
グラフの すごいところは 「パッと見て わかりやすい」 ということ
…
えっ
たとえば グラフの 傾きを見れば aが正か負か わかってしまうんだ
$y=ax$ のグラフ
$a>0$
$a<0$
右上がりのグラフ
右下がりのグラフ
…ふう すこし 腕が痛むな ちょっと横に なっても いいかな
あ うん
じゃあ ハジメくんは 縦になってよ
縦って どういうこと!?
ほら こうして…
ええ…?
座標軸!
僕を勝手に 組みこまないで!
腕は 翌日 超回復 していた
やったー

デカルトの座標と京都の地図

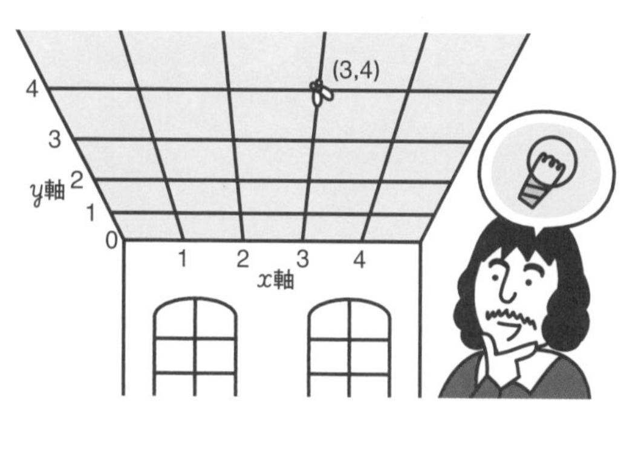

デカルト（1596~1650）というと哲学者のイメージがありますが、彼は数学者でもあります。数学での大きな功績としては、やはり「座標」を考えついたことを忘れてはいけないでしょう。

子どもの頃のデカルトは病弱で、昼頃にやっと起きてくることを特別に許されていたほどでした。しかし青年になるに伴い、身体をしっかり鍛えて剣の達人となり、決闘にも勝てるほどの腕前になっていたのです。

彼が志願して軍隊に入り（剣の腕前を試すため）、宿舎で休んでいたときのこと。1匹のハエが天井に止まっていて、それを見て突然、「座標」を思いついたのだといいます。

それまでの数学といえば、一つは図形を扱う幾何学、もう一つは主に方程式を扱う代数学の二つに分かれていました。この二つには共通点はあまり見られません。

しかし、座標上に直線や曲線、円など（幾何学）を描き、それらを数式で表した（代数学）ことで、これら二つの数学を一気に結びつけることができたのです。

たとえば円の場合、その中心が座標の原点Oにあり、半径rとすると、円上にある点（x、y）は、$x^2+y^2=r^2$で表せますし、円の中心を（2, 1）とすると、$(x-2)^2+(y-1)^2=r^2$と表せ、座標上を移動させることもできます。

座標は地図にも生かされています。x軸を経度、y軸を緯度と考えると、世界中の位置を座標で表せるのです。

また、京都の中心部は碁盤の目のように区画整備されていますので、町の名前や番地などを知らなくても、「二つの通りの名前」だけで目的地（交差点）に着くことができます。

たとえば、京都の晴明（せいめい）神社の正確な住居表示は「京都市上京（かみぎょう）区晴明町８０６」ですが、それを知らなくても大丈夫。「堀川一条上ル（あが）」と覚えておけば、堀川通り（南北）と一条通り（東西）の交差点から北上すれば晴明神社にたどり着く、というわけです。これぞ座標の便利さといえます。

1

次の空欄をうめて、$y=-3x$ のグラフをかきましょう。

手順1　$x=1$ のとき $y=$ □ だから、
点$(1,$ □$)$をとる。

手順2　原点を通るから、
点$($□$,$ □$)$をとる。

手順3　この2点を通る直線をかく。

⇓

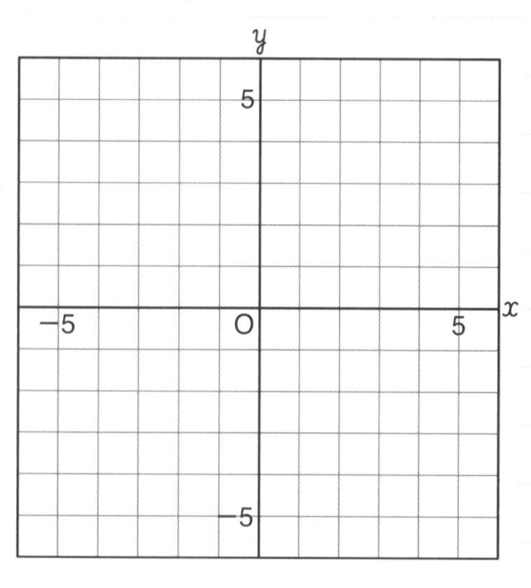

2

y は x に比例し，$x=6$ のとき $y=-2$ です。空欄をうめて，y を x の式で表しましょう。

比例の式は $y=ax$ とおけるので，

$x=6$，$y=-2$ を代入して

$$-2=\square a$$

$$a=-\frac{1}{\square}$$

よって，式は　$y=-\dfrac{x}{\square}$

答えは次のページへ

❶ ・$y=-3x$ のグラフ

$x=1$ のとき $y=\boxed{-3}$ だから，

点$(1,\ \boxed{-3})$をとる。

原点を通るから，

点$(\boxed{0},\ \boxed{0})$をとる。

この2点を通る直線は

右の通り。

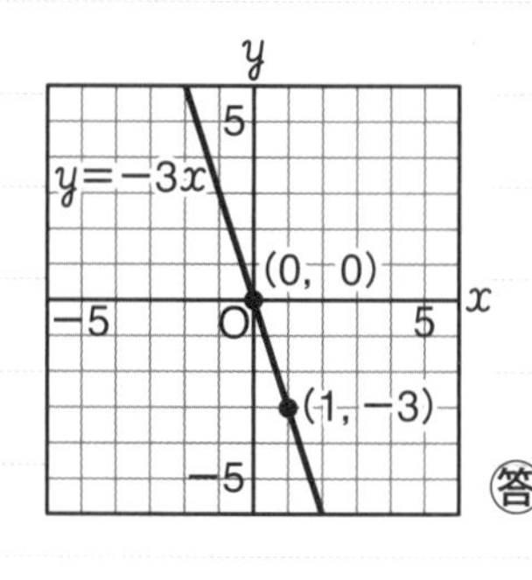

㊀答

❷ 比例の式は $y=ax$ とおけるので，

$x=6$，$y=-2$ を代入して

$$-2=\boxed{6}\,a,\quad a=-\frac{1}{\boxed{3}}$$

よって，式は $y=-\dfrac{x}{\boxed{3}}$ 答

第5章

平面図形

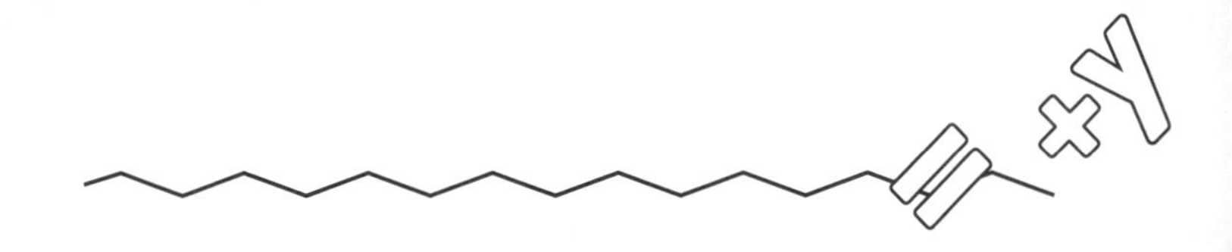

5-1

直線と角、図形の移動

さあ
今回からは
図形だ！　はらきって
いこーう！
いや
はりきって
腹切ら
ないで
切るか…
切らないで
ください！

まずは
3つの線を
紹介するぜー！
テンション
高いな～

よし じゃあ
この線を
使って
説明しようか
もぎっ
取れるんだ
それ!?

さてこの
点Aと
点Bを結ぶ
まっすぐな線！
パチッ
これは
なんという
名前
でしょーか！
A
B
えっ

まっすぐな線…
「直線」
じゃないの？
それが
違うんだよなぁ
こう…
言葉で言うのは
難しいんだけど
いや
言えるでしょ
単語言う
だけだよ

実は直線っていうのはこれ！
まっすぐどこまでものびる線のことだ
直線 AB
A
B
どこまでも？
そう 図にはかき表せないけど
本当は無限に線がのびているんだ！
ボクの脳を貫いているんだ！
直線 AB
A
B
かき表せなくてよかったね…
でその片側が止まってるのが半直線
半直線 BA
A
B
ポキ
BA？ABじゃないの？
半直線は止まってる方の文字を先に書くんだよ
これが「半直線AB」
A
B
そして両側が止まってるのが問題の線分だ！
線分 AB
A
B
ポキン
ちなみに線分ABの長さを「2点A、B間の距離」というぞ
A
B
距離
ポリ
ポリ
食べられるんだそれ…

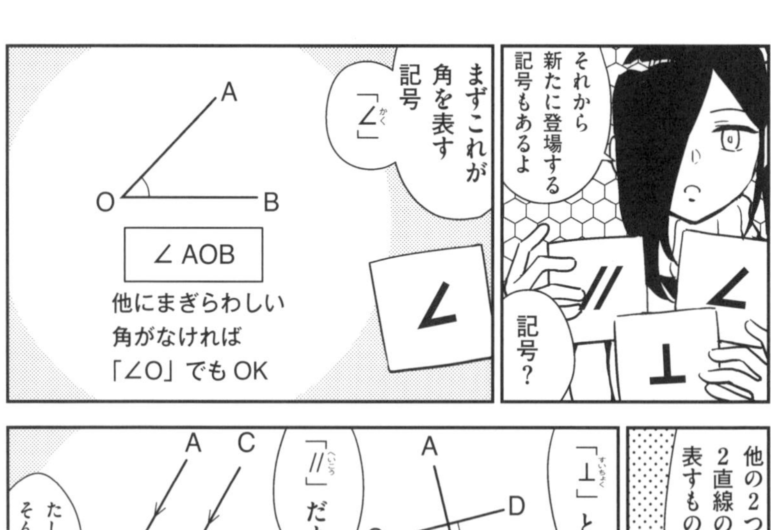
それから新たに登場する記号もあるよ
記号？
//
∠
⊥
まずこれが角を表す記号「∠」
A
O
B
∠AOB
他にまぎらわしい角がなければ「∠O」でもOK

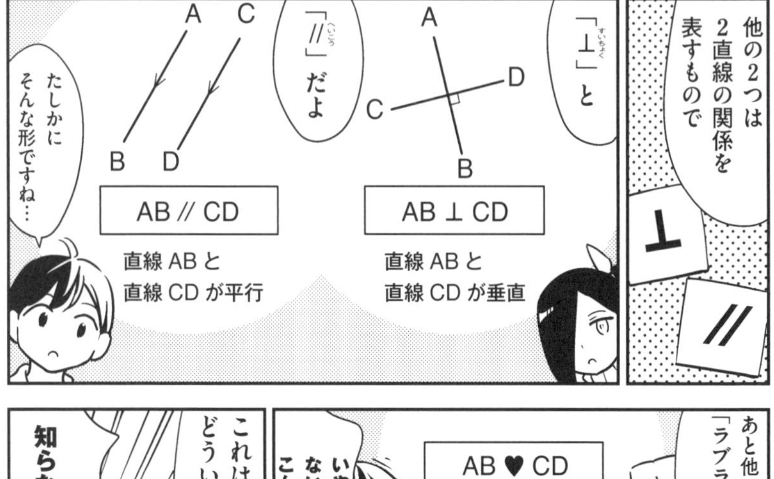
他の2つは2直線の関係を表すもので
⊥
//
「⊥」と
A
D
C
B
AB ⊥ CD
直線ABと直線CDが垂直
「//」だよ
A C
B D
AB // CD
直線ABと直線CDが平行
たしかにそんな形ですね…

あと他にも「ラブラブ」とかー
AB ♥ CD
直線ABと直線CDがラブラブ
いやないでしょこんなの！
そしてこれは…
AB アルミ CD
……
これはどういう意味？
知らないよ！

お次は図形の移動だ！
基本の移動は3つ！
1つめは平行移動
スーーッ
一定の方向に一定の距離ずらす移動だ
2つめは回転移動
クルーーリ
1点を中心に一定の角度回転させる移動
回転の中心
3つめは対称移動
パターンッ
1つの直線を折り目として折り返す移動だ
対称の軸
そういうわけでねー
えっ今の本当にそうなってたの!?
イメージ的なやつじゃなくて!?
これぞ『顔だけの術』！
なんのための術なの…
待っててね今カラダもどすから
じゃ その間に3つの移動の特徴をそれぞれ見てみよう
移動のとくちょう

平行移動は
対応する点を結ぶ線分がすべて平行で同じ長さになるの
平行で同じ長さ…
回転移動は 対応する点は回転の中心から等しい距離にあり
回転の中心
対応する点と回転の中心を結んでできる角はすべて等しい

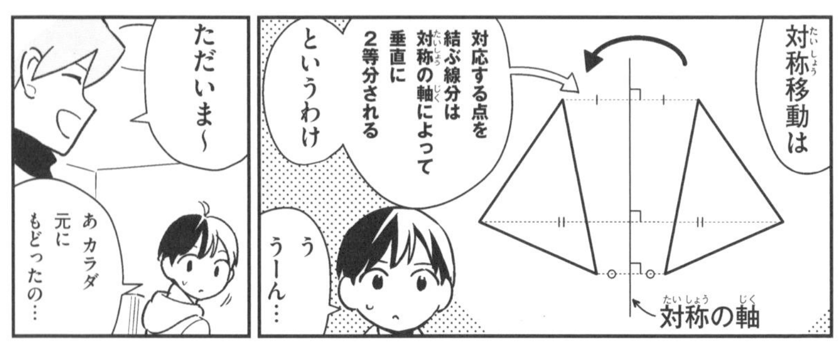
対称移動は
対応する点を結ぶ線分は対称の軸によって垂直に2等分される
というわけ
対称の軸
う うーん…
ただいま〜
あカラダ元にもどったの…

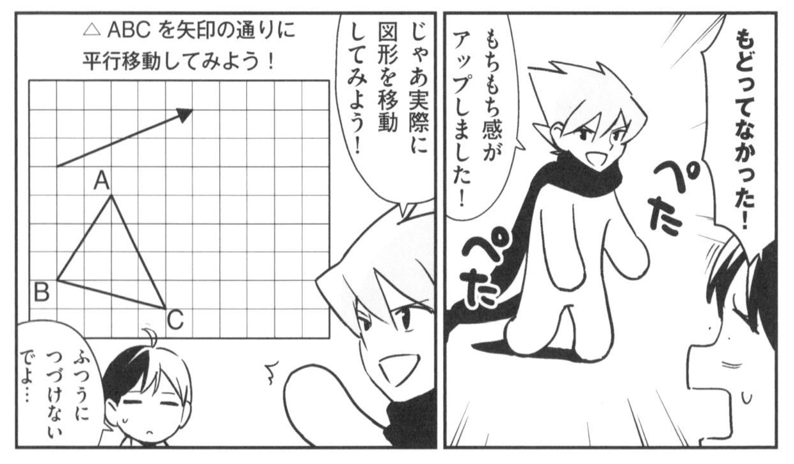
もどってなかった！
もちもち感がアップしました！
ぺた ぺた
じゃあ実際に図形を移動してみよう！
△ABCを矢印の通りに平行移動してみよう！
A
B
C
ふつうにつづけないでよ…

矢印を見ると
横に＋5
縦に＋2
移動している
＋2
＋5
A′
A
B′
C′
B
C
平行移動ということは
すべての点を
「平行に 同じ長さ」
動かせばいいから
点をそれぞれ
動かしていけば…
A
B
C
できたー！
できました
博士！
博士？
では
今回は
ここまで！
さあ次へ
いくぞー！
平行移動で
いくぞー！
はは
はーい
つるーーっ
痛！
グサー！
刺さるんだ
それ！

5-2

円とおうぎ形

お待たせしました
こちら
ミックスピザでーす
ううん
全然
待ってないよ
今来た
とこ!
ちょっと
ファミレス

よーし じゃあ
このピザを使って
円と
おうぎ形について
学ぼう!
えぇ
このピザを
円に
たとえるんだね
えっ…
何それ?
あれ
違うの⁉

いや
ピザの匂いで
テンションを上げながら
勉強してもらおうかと…
何その
悲しいピザの
使い方!
せめて
食べようよ!
なるほどピザを
円に見立てる…
まるで
思いつかなかった
22世紀の
発想
いや
すごく
よくある
たとえだと
思うけど…

ではまず円に関する言葉を覚えよう！
ピッ
まず円をまっすぐ区切ると弧と弦というものができる
ピッ
AB(弧 AB)
円周の一部分
A
B
弦 AB
円周上の２点を結ぶ線分
それからこれは接線
ピタッ
接点
接線
直線と円が1点で交わることを「接する」その直線を接線といい
接する点を接点というんだ
ピトッ
接点
ちょっ何すんの
でもいい匂い
そして円を２つの半径で切り取ったものが〜
ガッ
ガッ
おうぎ形だ！
C
中心角
２つの半径の作る角
O
弧
D
半径
おうぎ形…

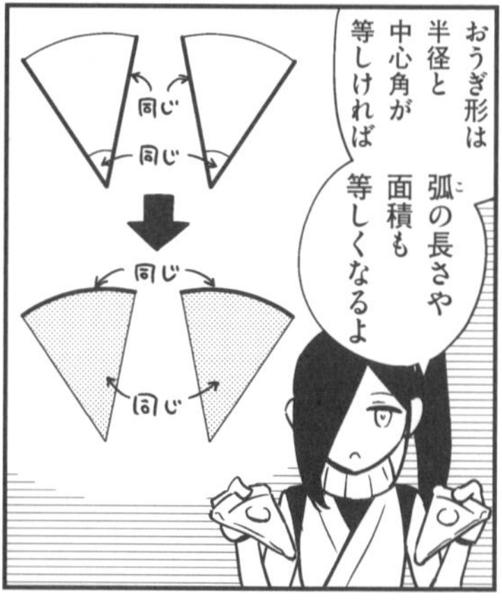
おうぎ形は
半径と
中心角が
等しければ
弧の長さや
面積も
等しくなるよ
同じ
同じ
同じ
同じ

では
ここで
問題！
まず「ピザ」と
10回言ってみてくれ！
あ
数学の
問題じゃ
ないんだ
えー
ピザピザピザピザ
ピザピザピザピザ
ピザピザ

じゃあ
円の面積と
円周の長さの
公式は？
ひじ…
えっ何⁉
なんでピザって
言わせたの⁉

円の面積
なんだっけ
なんか
半径とか
3・14とか…
正解は
こちら
円周の長さ
＝直径×3.14
面積
＝半径×半径×3.14

じゃあ
この公式を
文字の式に
してみよう！
文字の式？

まず円周率は
「π」という文字で
表す
円周率　3.14…
π

πを使えば
×3・14という
面倒な計算を
しなくて
いいんだ！
ありがとう
πセンパイ…
略して
センπ…
えっと…
それで次は？

あとは半径なども文字におきかえて…
半径 : r
円周の長さ : ℓ
面積 : S
とすると
r
S
ℓ
こうなる！
円周の長さ
ℓ=2πr
円の面積
S=πr²
πは数字と文字の間に入るよ

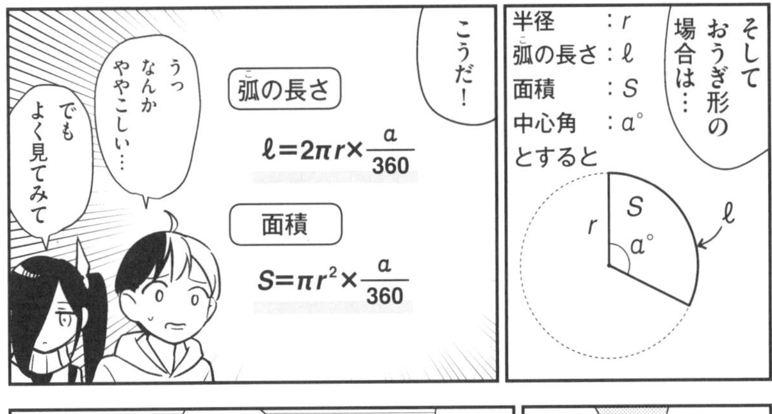
そしておうぎ形の場合は…
半径 : r
弧の長さ : ℓ
面積 : S
中心角 : a°
とすると
S
r
a°
ℓ
こうだ！
弧の長さ
ℓ=2πr×a/360
面積
S=πr²×a/360
うっなんかややこしい…
でもよく見てみて

この部分は円の公式と同じでしょう
あたしかに
ℓ=2πr×a/360
S=πr²×a/360
これはつまり円全体から
360°
一部をカットしてるという形なの
a°
ℓ=2πr
S=πr²
ℓ=2πr×a/360
S=πr²×a/360
ピザをきりとる感じ
なるほど…

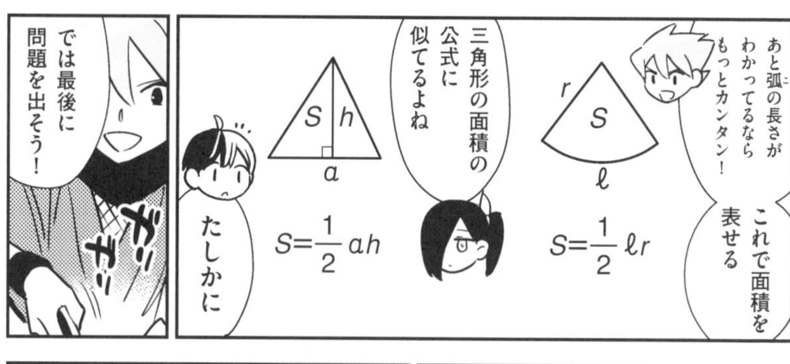
あと弧の長さがわかってるならもっとカンタン！
これで面積を表せる
r
S
ℓ
$S=\frac{1}{2}\ell r$
三角形の面積の公式に似てるよね
S
h
a
$S=\frac{1}{2}ah$
たしかに
では最後に問題を出そう！
ザッ
ザッ

このピザの弧の長さと面積を求めてみてくれ
12 cm
45°
え？
正解したらボクがピザを食べさせてあげよう
間違ったらひとりで食べやがれ！
むしろ間違えたくなるんだけど…

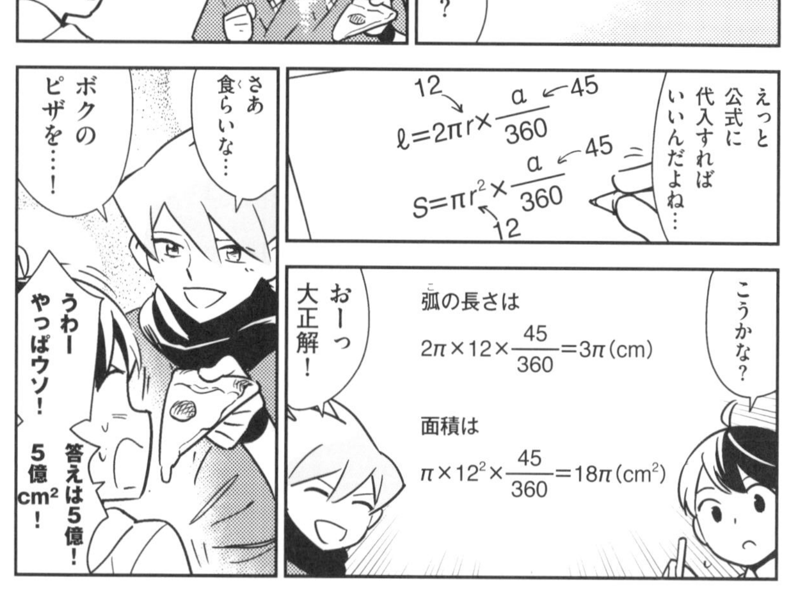
えっと公式に代入すればいいんだよね…
$\ell=2\pi r\times\frac{a}{360}$
12
45
$S=\pi r^2\times\frac{a}{360}$
12
45
こうかな？
弧の長さは
$2\pi\times12\times\frac{45}{360}=3\pi$ (cm)
面積は
$\pi\times12^2\times\frac{45}{360}=18\pi$ (cm^2)
おーっ大正解！
さあ食らいな…
ボクのピザを…！
うわーやっぱウソ！
答えは5億！
5億cm^2！

あ
そういえばさー
え?
ボク
100円しか
もってないけど
たりるかな?
いや
ムリでしょ!
えっ僕も
そんなにお金
もってないよ!?
なゆたさん
お金は…
お金は
ない
ええ〜…
うーん
これはもう
逃げるしかないな
えっ
だっダメだよ
食い逃げなんて!
いやいや
そうじゃなくて
妄想の世界に
逃げるんだよ
私、ダンスってはじめてですの…
そっか
ならよかっ…
いや
よくないよ!
なんの解決にも
なってないよ!
あ!
でも
この状況って
おうぎ形
だよね
おうぎ形?
「円」が一部
足りません
…ってね
おあとが
よろしいようで…
全然よく
なーい!
お代は
なゆたさんが
解決して
くれました
株主
優待で
株!?
イエーイ

COLUMN VOL 5

ローマ軍に立ちはだかったアルキメデス

アルキメデス（紀元前287年ごろ〜紀元前212年）は、現在のイタリア半島の南端に近いシチリア島のシラクサという都市国家に生まれ、「三大数学者」の一人（他はニュートン、ガウス）として知られています。

アルキメデスのいたシラクサは、ローマとカルタゴ（北アフリカ、現在のチュニジアが中心）との間に起きた第二次ポエニ戦争に巻き込まれます。

カルタゴに味方したシラクサに対し、ローマ軍は陸海の両面から包囲網を敷き、激しい攻撃をしかけてきます。圧倒的に不利な戦況のなか、ローマ軍を徹底的に撃退し、恐れおののかせたのがアルキメデスの発明した機械群でした。

まず、アルキメデスの鉤爪（かぎづめ）と呼ばれる兵器（滑車（かっしゃ）の原理を応用）でローマの軍船を捕獲し、持ち上げて船を沈めました。また巨大な投石器（テコの原理を応用）でローマ軍を苦しめました。このためローマ軍はアルキメデスの影を見るだけで震え上がり、撤退したと伝えられています。

しかし、シラクサの隙をついて突入したローマ軍によって、さしものシラクサも陥落します。突入前、ローマの将軍マルケルスは「アルキメデスだけは殺すな」と命令したとされますが、ローマ兵によってアルキメデスは殺されてしまいました。

ローマ軍が突入してきたとき、アルキメデスは地面に円を描いて幾何学についての考えごとをしており、その円をローマ兵が踏みつけたため、

「コラ！　私の大事な円を壊すんじゃない！」

と叫んだのです。そして、アルキメデスの顔を知らないローマ兵によってその場で殺された、というのがアルキメデスの最期だったといわれています。

本当にローマの将軍がアルキメデスを「殺すな」と命令したのか、ローマ軍が突入したときに平然と円を描いていたのかなど疑問もありますが、死ぬときまで幾何学のことを考えていたと思えば、いかにもアルキメデスらしい最期なのかもしれません。

アルキメデス？
それ　お菓子？
？
コラム読もう

第6章

空間図形

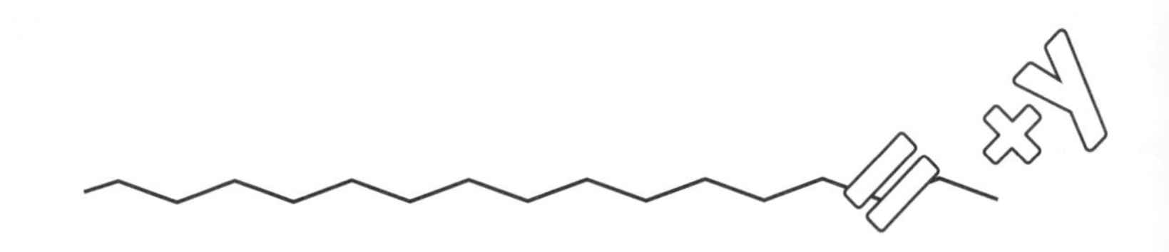

6-1

いろいろな立体

ゲームを
作ったよ

……え？
ジョーくんが
手が離せない
らしいから
私が教えるんだけど
手がはなせない
から
おねがーい
了解
ひとりで教えるのは
大変と思って

空間図形が学べる
ゲームを作ったよ
はあ…
…そっちの方が
大変なのでは…？

さあ
やってみて
は
はい…
空間図形
ピッ

チャラリ
ラーン♪
!?
空間図形
フレンズ
画面をタップしてください

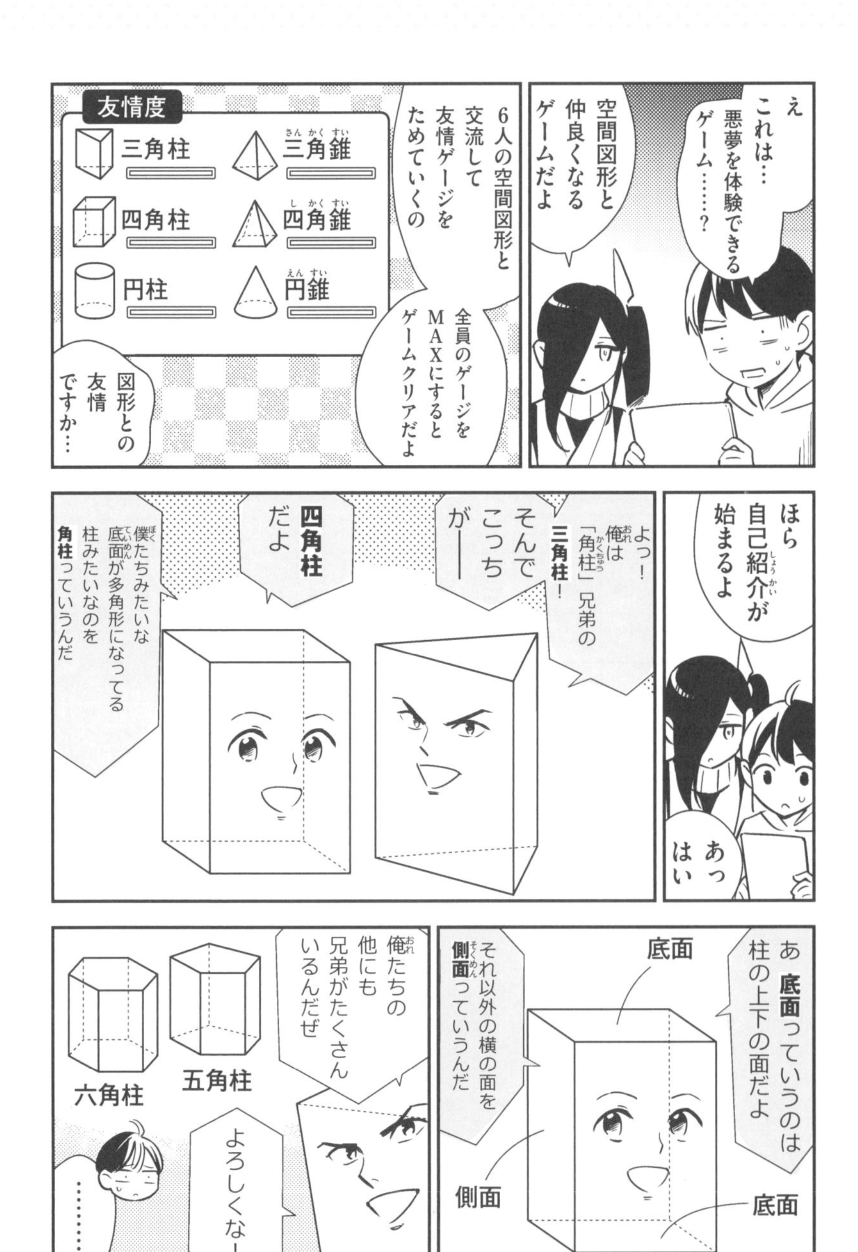

え　これは…悪夢を体験できるゲーム……？
空間図形と仲良くなるゲームだよ
6人の空間図形と交流して友情ゲージをためていくの
友情度
三角柱
三角錐
四角柱
四角錐
円柱
円錐
全員のゲージをMAXにするとゲームクリアだよ
図形との友情ですか…
ほら自己紹介が始まるよ
あっはい
よっ！俺は「角柱」兄弟の三角柱！
そんでこっちが――
四角柱だよ
僕たちみたいな底面が多角形になってる柱みたいなのを角柱っていうんだ
あ　底面っていうのは柱の上下の面だよ
それ以外の横の面を側面っていうんだ
底面
側面
底面
俺たちの他にも兄弟がたくさんいるんだぜ
五角柱
六角柱
よろしくな！
………

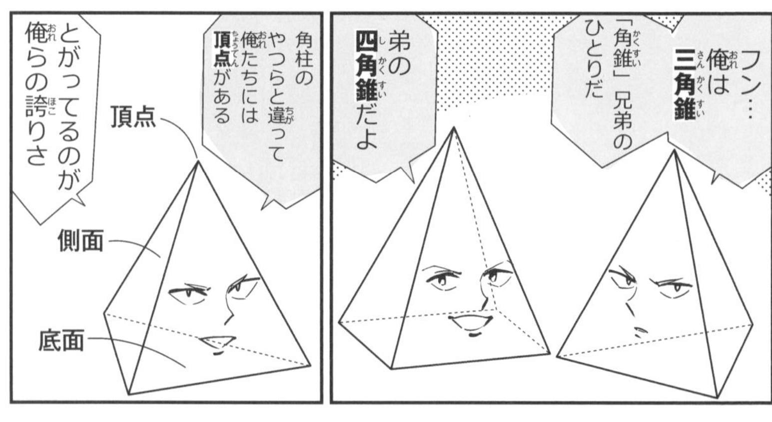

フン…
俺は三角錐
「角錐」兄弟のひとりだ
弟の四角錐だよ
角柱のやつらと違って俺たちには頂点がある
とがってるのが俺らの誇りさ
頂点
側面
底面

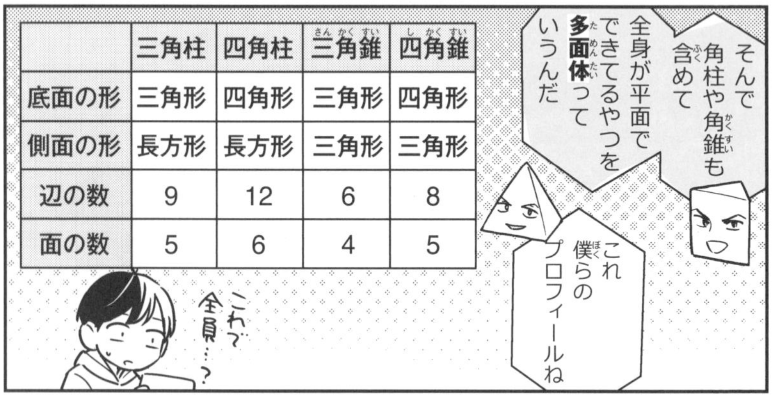

	三角柱	四角柱	三角錐	四角錐
底面の形	三角形	四角形	三角形	四角形
側面の形	長方形	長方形	三角形	三角形
辺の数	9	12	6	8
面の数	5	6	4	5

そんで角柱や角錐も含めて
全身が平面でできてるやつを多面体っていうんだ
これ僕らのプロフィールね
これで全員…？

そして僕が円柱で——
円錐です
我々は曲面がありますので多面体ではないのですよ
まだいた！
こうして自己紹介を終え
俺の帽子お前にやるよ
お前さ…好きな図形とかいるのか？
彼らとの生活が始まった

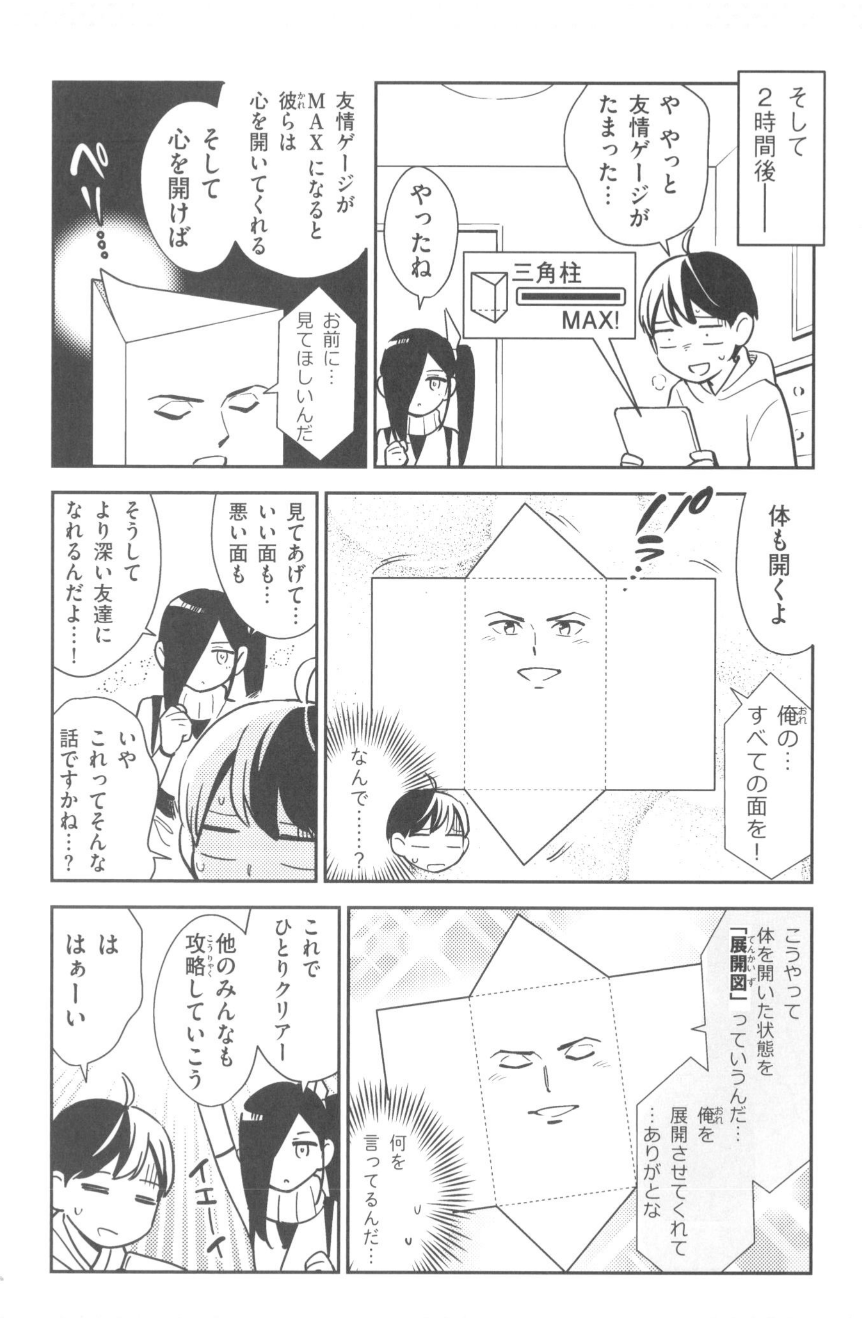
そして
2時間後——
ややっと
友情ゲージが
たまった…
やったね
三角柱
MAX!
友情ゲージが
MAXになると
彼らは
心を開いてくれる
そして
心を開けば
ぺリ…
お前に…
見てほしいんだ
体も開くよ
パラ…
俺の…
すべての面を!
なんで……?
見てあげて…
いい面も…
悪い面も
そうして
より深い友達に
なれるんだよ…!
いや
これってそんな
話ですかね…?
こうやって
体を開いた状態を
「展開図」っていうんだ…
俺を
展開させてくれて
…ありがとな
何を
言ってるんだ…
これで
ひとりクリアー
他のみんなも
攻略していこう
イエーイ
は
はぁーい

その後ハジメは他の図形とも友情を深め
円柱
ほら…わかるかい？
底面に接する辺の長さがさ…
底面の円周とピッタリ同じなんだ
長さが等しい
円錐
あなたのおかげで知りました
私にこんなおうぎ形の側面があったことに…
長さが等しい
恥ずかしいな…こんな
手裏剣みたいなところ見られてさ…
四角錐
ひとりひとり彼らを展開させていった
そして……
アオーーン
ハァーッ
全員終わった～！
おめ～
パチパチ
どう？楽しかった？
え
あはいそれはもう…
そうそれなら…
ガバ

実は
続編があるの
ドン
空間図形
フレンズ
〜正多面体編〜
え…
今度は
正多面体たちと
仲良くなるんだよ
正多面体？

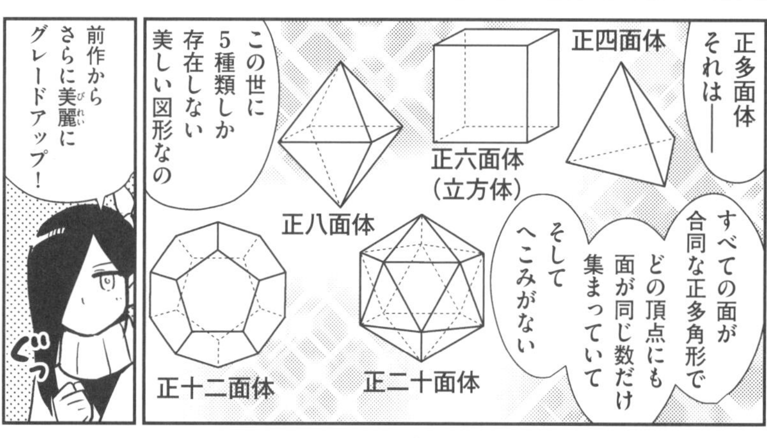
正多面体
それは——
正四面体
正六面体
(立方体)
正八面体
正十二面体
正二十面体
すべての面が
合同な正多角形で
どの頂点にも
面が同じ数だけ
集まっていて
そして
へこみがない
この世に
5種類しか
存在しない
美しい図形なの
前作から
さらに美麗に
グレードアップ！
ぐっ

プレイして…
くれるよね？
ズオオオ

…は…

…はい
よろこんで……
ホー
ホー
その夜
空間図形に埋もれる
悪夢を見たという

6-2

立体のいろいろな見方

ガバッ
ハッ！
ここは…
あ
気がついた
ここはまさか…
100年前の世界…!?
いや
タイムスリップとか
してないから
10秒後の世界だよ
あっ
そんなことよりさー
この三角形を
真上に動かした
とき…
さっきの
ボクみたいに
残像ができるとしたら
どんな立体を
えがくと思う？
スーーッ
急に!?
正解は
この通り
三角柱だ！
あっ
なるほど
そういうことね
このように
図形を
垂直に動かすと
角柱や円柱が
できる！
このとき
動かして
できた面が
側面に
動いた距離が
高さになるで
あろう…
側面
高さ
村の
言い伝えでは
そのように
言われておる
スムーズに
長老になるの
やめて？

じゃあさ今度は…直角三角形がこんな感じで1回転するとどんな立体ができる?
1回転かぁ…
こんな形だよね…三角錐?
惜しい それは円錐だよ

あっそうか円錐! 三角形にひっぱられちゃって…
ハハハまったくおっちょこっちょこちょこちょっこちょこっちょっちょ
かみすぎでしょいくらなんでも!
こういう平面図形を1回転させてできた立体を「回転体」というんだ
回転体
回転の軸
その側面を作る線分を母線というよ
母線

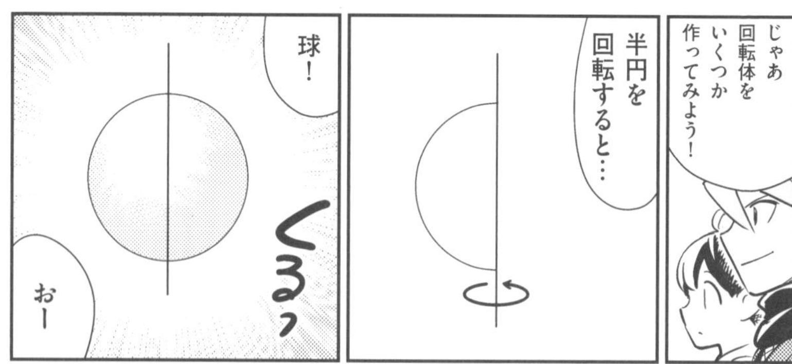
じゃあ回転体をいくつか作ってみよう!
半円を回転すると…
球!
くるっ
おー

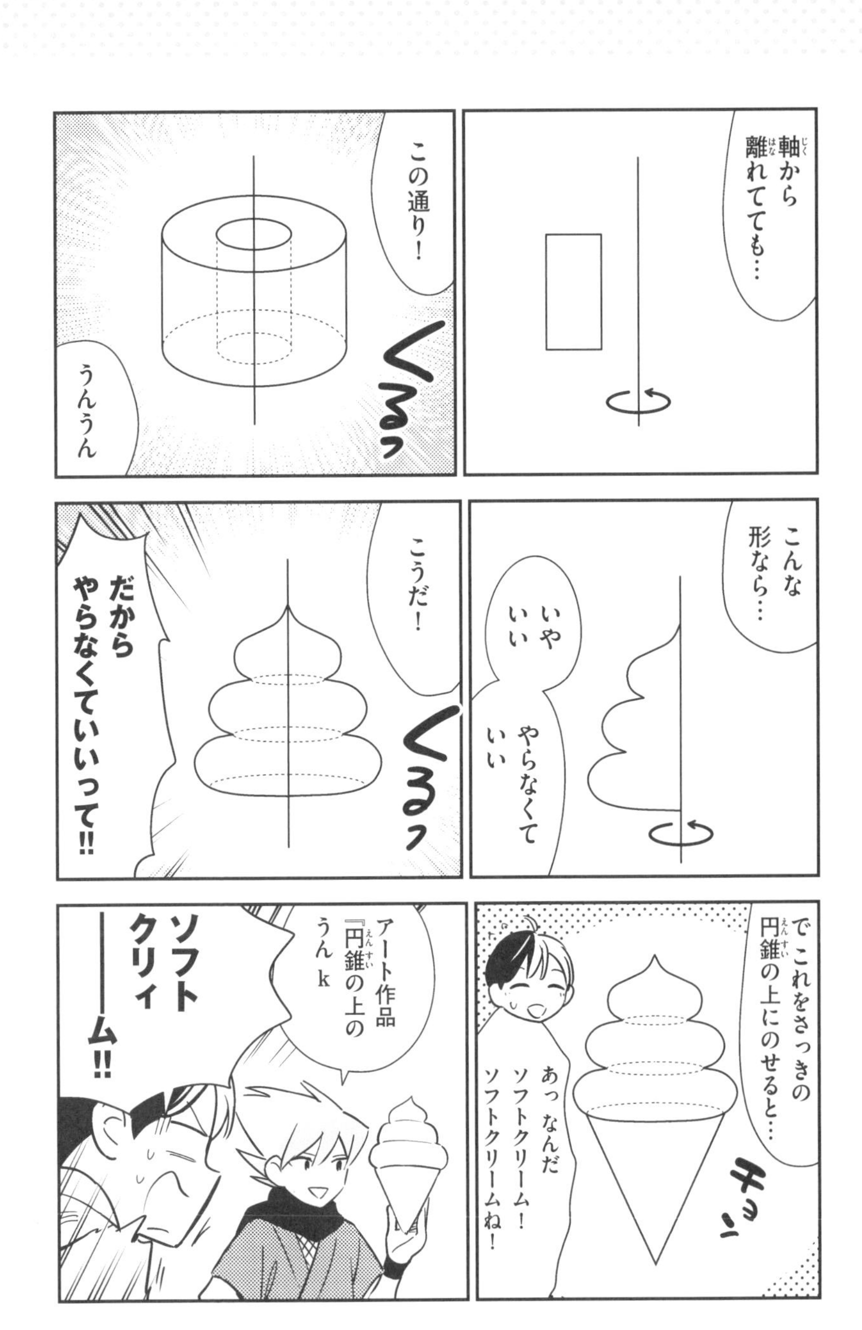
軸から離れてても…
この通り！
くるっ
うんうん
こんな形なら…
いやいい
やらなくていい
こうだ！
くるっ
だからやらなくていいって!!
でこれをさっきの円錐の上にのせると…
チョン
あっなんだソフトクリーム！ソフトクリームね！
アート作品『円錐の上のうんk
ソフトクリィ――ム!!

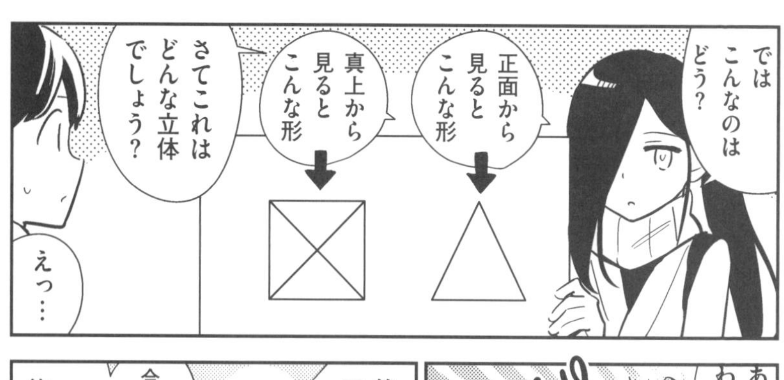
ではこんなのはどう？
正面から見るとこんな形
真上から見るとこんな形
さてこれはどんな立体でしょう？
えっ…

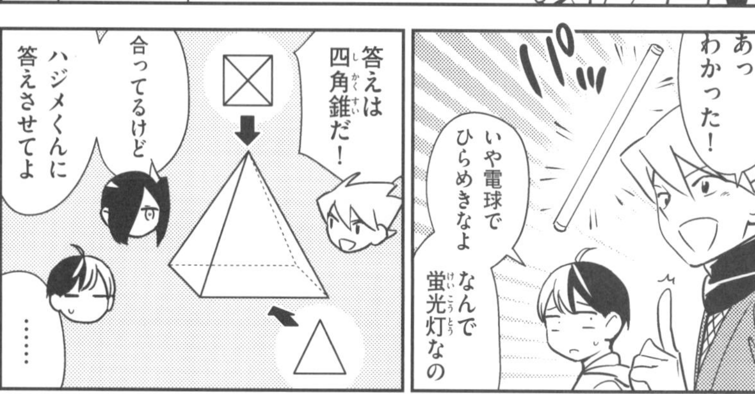
あっわかった！
パッ
いや電球でひらめきなよ
なんで蛍光灯なの
答えは四角錐だ！
合ってるけど
ハジメくんに答えさせてよ
……

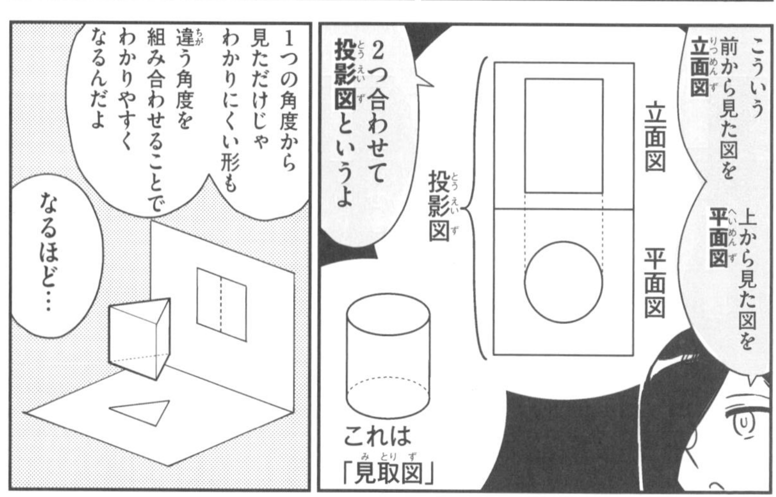
こういう前から見た図を立面図
上から見た図を平面図
立面図
平面図
投影図
2つ合わせて投影図というよ
これは「見取図」
1つの角度から見ただけじゃわかりにくい形も違う角度を組み合わせることでわかりやすくなるんだよ
なるほど…

それじゃあ！
これは
なんだと思う？
立面図
えっ…
ネコでしょ？
平面図は
こう
平面図
あれこれ…
ネコじゃないぞ!?

このように
一面を見ただけでは
物事はわからない
気をつけよう
ニョーーン
（鳴き声）
何それーーー！
生きてるし！

どうしたのその
ネ…生き物！
さっき10円落として
泣きぬれてたら
いつの間にか
寄り添ってくれてたんだ
いい子だ…
いやそんなことで
泣きぬれないでよ…
もちもち
してる
ニョーン
ねえハジメくん！
この子飼っても
いいかなあ!?
そんなこと
僕に
言われても…
いいわよ～
お母さーん!?
新しい家族が
増えました
ニョム
ニョム
命名
ニョン太

6-3

立体の表面積と体積

ふつうのボールはないの？
あとボールといえそうなものといったら三角柱とか四角錐とか…
なんでそれがボールといえそうだと思うの？
もーサッカーは無理だね！
そっか仕方ないな…
じゃあサッカーの代わりに立体の表面積と体積でも求めよっか
なんで⁉
じゃあまずは表面積から！
表面積というのは立体の表面全体の面積のこと
つまり全部の面の面積をたせばいいってわけだ！
はあ…
全部たす！

ここで表面積を底面積と側面積に分けて考えると
底面積…底面の面積
側面積…側面の面積
角柱・円柱には底面が2つ
角錐・円錐は底面が1つあるから
表面積はこの式で求められる！
角柱・円柱の表面積
側面積＋底面積×2
角錐・円錐の表面積
側面積＋底面積
底面積が2つか1つかってことだね

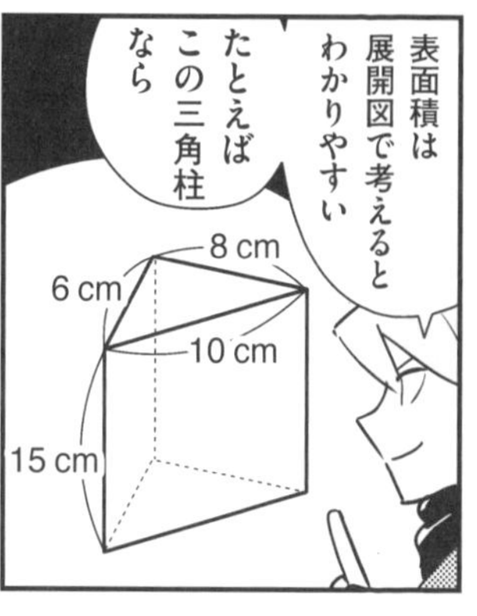
表面積は
展開図で考えると
わかりやすい
たとえば
この三角柱
なら
8 cm
6 cm
10 cm
15 cm

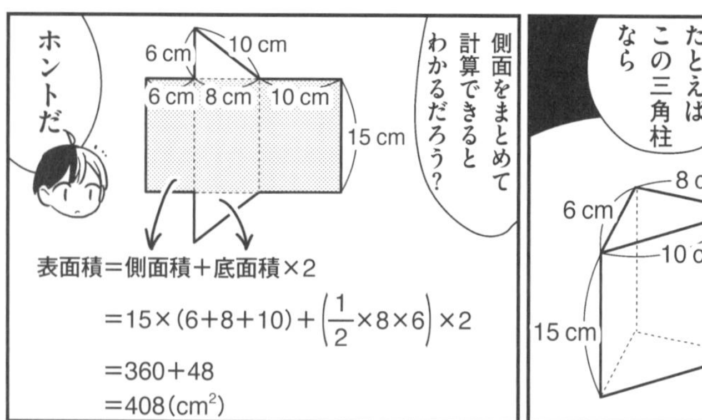
側面をまとめて
計算できると
わかるだろう?
ホントだ
6 cm
10 cm
6 cm　8 cm　10 cm
15 cm
表面積＝側面積＋底面積×2
$=15\times(6+8+10)+\left(\frac{1}{2}\times8\times6\right)\times2$
$=360+48$
$=408(\mathrm{cm}^2)$

円錐(えんすい)も
展開して
考えるといい
20 cm
8 cm
はい

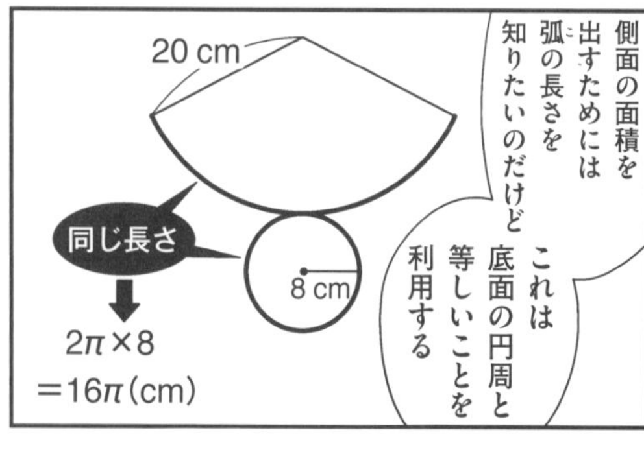
側面の面積を
出すためには
弧(こ)の長さを
知りたいのだけど
これは
底面の円周と
等しいことを
利用する
20 cm
同じ長さ
8 cm
$2\pi\times8$
$=16\pi(\mathrm{cm})$

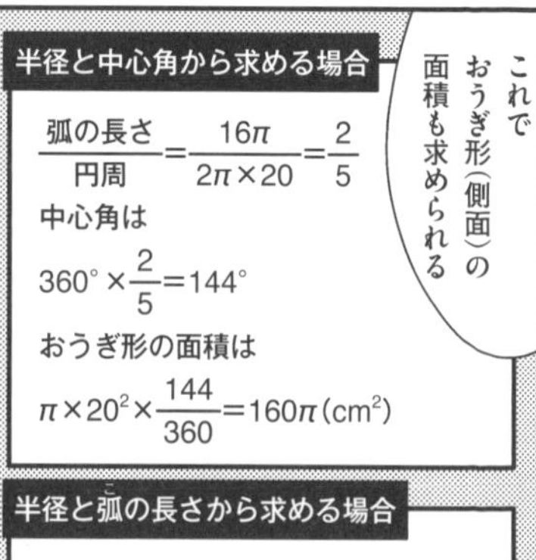
これで
おうぎ形(側面)の
面積も求められる
半径と中心角から求める場合
$\frac{弧の長さ}{円周}=\frac{16\pi}{2\pi\times20}=\frac{2}{5}$
中心角は
$360°\times\frac{2}{5}=144°$
おうぎ形の面積は
$\pi\times20^2\times\frac{144}{360}=160\pi(\mathrm{cm}^2)$
半径と弧(こ)の長さから求める場合
$\frac{1}{2}\times16\pi\times20=160\pi(\mathrm{cm}^2)$

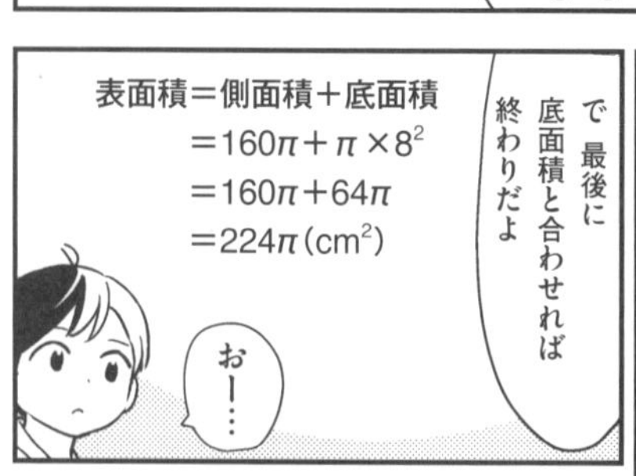
で 最後に
底面積と合わせれば
終わりだよ
表面積＝側面積＋底面積
$=160\pi+\pi\times8^2$
$=160\pi+64\pi$
$=224\pi(\mathrm{cm}^2)$
おー…

終わりだよ…
何もかも…
どうしたんですか
急に!

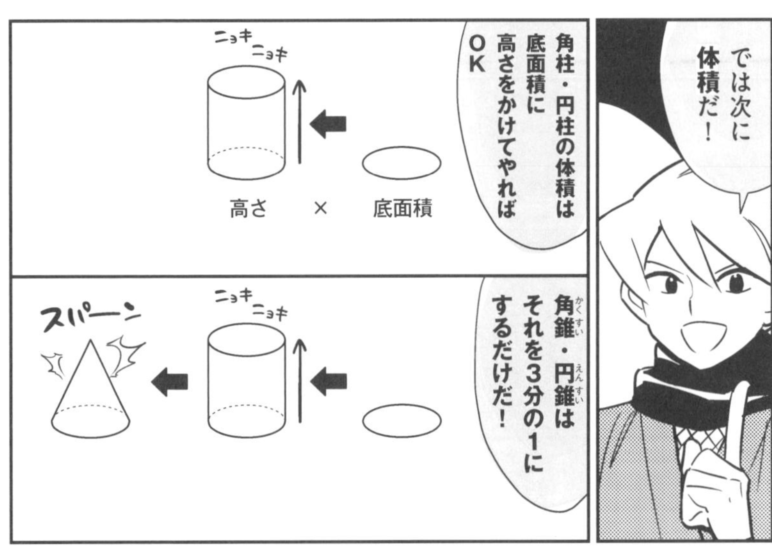
では次に体積だ！
角柱・円柱の体積は底面積に高さをかけてやればOK
ニョキニョキ
高さ × 底面積
角錐・円錐はそれを3分の1にするだけだ！
ニョキニョキ
スパーン

3分の1にすると柱が錐になっちゃうんだ
なんかフシギ
そうなんだ！
式にまとめるとこう！
角柱・円柱の体積
V=Sh
角錐・円錐の体積
V=1/3 Sh
体積：V
底面積：S
高さ：h

特に円柱や円錐の場合
底面積Sに円の面積の公式を入れこんで…
V=Sh
S=πr²
V=1/3 Sh
S=πr²
こうだ！
円柱の体積
V=πr²h
円錐の体積
V=1/3πr²h
体積：V
底面の半径：r
高さ：h

じゃ この正四角錐の体積はどうなる？
24 cm
20 cm
20 cm
えっと… 公式に代入するだけだよね
こう…かな？
$\frac{1}{3}\times20\times20\times24$
$=3200(cm^3)$
よーし よくできたぞ！
ほーら ごほうびの小魚だ
イルカじゃないんだよ
ではこれで最後
球の表面積と体積いってみよう！
球かぁ…
ってボールあるじゃん！
サッカーできたじゃん！
いや これは ダメだ…
サッカーボールにしてはひとまわり小さい！
そこ こだわって なんで円錐にしたの！
球の表面積と体積はこの公式で求められる！
球の表面積
$S=4\pi r^2$
球の体積
$S=\frac{4}{3}\pi r^3$
う うん…
球はとにかく公式を覚えて
半径を代入するだけだ！
12 cm
表面積は
$4\times\pi\times12^2=576\pi(cm^2)$
体積は
$\frac{4}{3}\pi\times12^3=2304\pi(cm^3)$
うーん… 公式の覚え方とかはないの？

よくこんなゴロ合わせで覚えるけどね
表面積
心配ある事情
しんぱい あるじじょう
4 π r²
体積
身の上心配あるので参上
みのうえしんぱい あるのでさんじょう
4/3 π r³
心配ある…覚えられるかなぁ
はー記憶力をよくする薬とかあればいいのにな～
公式多いよ～
…
えあるけど？
えっウソ！あるの⁉
あるとも！忍者の秘薬が…
ゴソゴソ

ほら！
え注射………？
注射はちょっとイヤかな…
なんか飲み薬を想像したんだけど…
こんな
忍者の秘薬
ゴソゴソ
注射苦手なタイプね！あるよ他のやつも

尻から入れて…
座薬じゃん！
なんで頭に効く薬を尻から⁉
大丈夫怖くないよ！さあこちらに尻を！
またもジョー選手のシュートがゴールに突き刺さってしまうのか～？
突き刺さってたまるかー‼
自分の身の上が心配になるハジメだった

COLUMN VOL 6

ふつうじゃない？ 非ユークリッド幾何学の世界

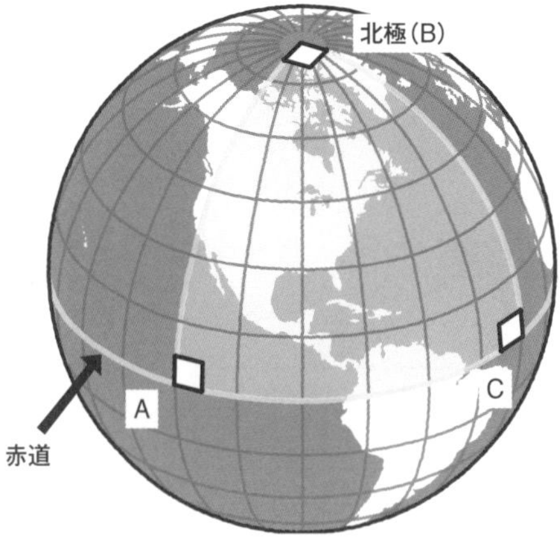

北極(B)

赤道

A

C

「三角形の内角の和は180度」だと学校で教えられ、角度の問題などを解いてきた経験が誰にもあります。でも、もし、三角形の内角の和が180度より大きな三角形が存在したらどうでしょうか。

実際にそんな三角形は存在します。地球を想像してみてください。赤道上の1点（A）から真北に北上すると（子午線）、北極点（B）に到達します。その北極点で90度東を向いて南下（子午線）していくと、再び赤道にぶつかります（C）。

ここで三角形ＡＢＣのそれぞれの角度はすべて90度ですね。ということは、この巨大な三角形は直角を三つも持つので、内角の和は２７０度。つまり１８０度よりもずっと大きな三角形だと言えます。

そうすると、「三角形の内角の和は１８０度」という常識が通用しない幾何学が成立することになります。これが**非ユークリッド幾何学**の世界です。これは、ドイツのリーマンが考案した幾何学です。

地球で見るとわかるように、赤道上から北極に向かう直線（経線）は赤道上では「すべて平行」に見えますが、北極点ですべて交わりますから、「平行線が１本も引けない世界」、つまり非ユークリッド幾何学（球体型：楕円幾何学）が成立します。

このリーマンの幾何学とは逆に、内角の和が１８０度よりも小さな三角形ができるという非ユークリッド幾何学もあり、ボーヤイやロバチェフスキーによって考案されています。

誰もが「これしかない」と信じていた世界だとしても、その考え方を破るとそこには新しい世界が広がっています。それは数学に限らないことかもしれません。

というわけで一年生の分は終わり！
お疲れさま～～
いやー疲れた～
パチパチ

大丈夫か⁉ほら酸素酸素！
いやそういうタイプの疲れじゃないから！

…ていうかなにその酸素…
野菜みたいな…
田辺ヨシオさんに感謝だね
でも正直使ってみたいかも…
どんな感じなんだろ
いいね！
プシューといっちゃいなよ
グッ
プシュ～
おぉ…

ポヤァ…

田辺ヨシ夫さん⁉

え…
生産者の
顔が見えるって
こういうこと⁉
どうしたら
消えるの
これ⁉
いや
大丈夫
そうだよ
説明書

丸一日で
消えるってさ
全然大丈夫じゃ
ないんですけど…！

それはそうとさ
学年も変わるし
気分転換に
何か変えよう！
それはそうとで
済まされた…！
何かって
何を？

なんかしら
変わる術！
あいまいだ！

ポポーン
おっ
髪の色が！
なんか周りの色も変わった…？
ふむ…どうやらジョー君の髪色と世界を取り巻く色は連動しているようだね…
なんて嫌な世界なんだ…！
いやぁよくお似合いですよ
ヨシ夫さん！しゃべれんの!?
それでは引き続き2年生も頑張っていきましょう！
うわーもう！仕切りだしちゃったよ！
ハジメくんが見えないものと戦っている…
フフ…青春だな！

そうそう
これから
新たに
妹が
参加するよ
えっ…

妹？
いたんですか
ハジメくんと
同じ年
なんだけど
ここでの話をしたら
「一緒に勉強したい」
って

え でも
どこに…？
部屋の外
ですか？
いや
ゴン
ゴソ

ここに
コト…

え…あっ
そういう…
いや
ちがう
そういう
ことじゃない
スッ…

はじめまして

しゃべっ…!!?!?
ビクゥッ
本人はまだ来れないからあとでくる

家に大量にあった人形を改造して
里にいる妹と通信できるようにしたの
はじめまして
大量にあった人形…?
はじめまして

せつなと申します!
なゆたの妹
せつな
(人形のすがた)

これからよろしくお願
ゴッ
おじぎしてマイクに顔ぶつけたな
何!?
新たな仲間を加え、2年目が始まる——

第7章

式の計算

7-1

単項式と多項式、多項式の加法・減法

さあ
やるぞ〜っ
ハジメくんも
もう2年生
だからね
これからは
ビシバシ
いくから！
ええ…
あんまり
厳しいのは
やだなぁ
僕ほら
ほめられて
伸びるタイプ
だから…

そうなんだ！
何が伸びるの？
もみあげ？
スゴイ
ワサッ
違うよ！

もみあげ
だけなんて
伸びない
ですよー
伸びるなら
髪全体
ですよね！
いやそこじゃ
ないんだけど…

じゃあ今回は
文字式について
キホンの
ンから
教えよう！
できれば
キから
お願いします…

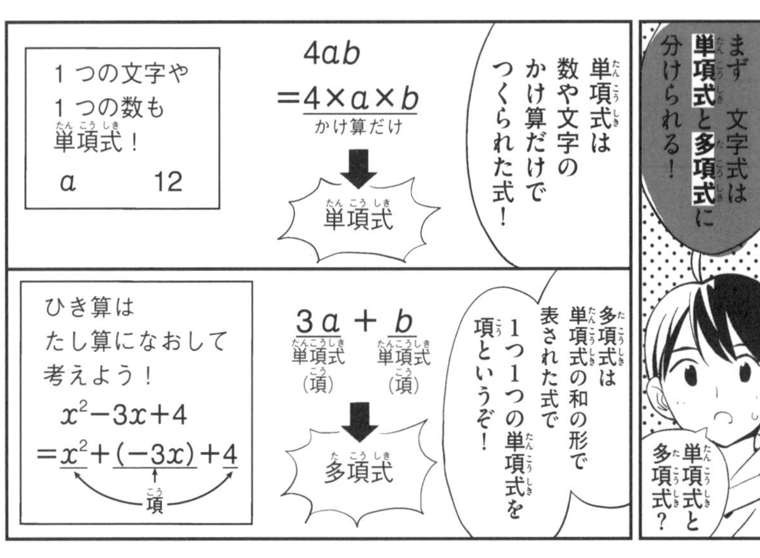
まず　文字式は
単項式と多項式に
分けられる！
単項式と
多項式？
単項式は
数や文字の
かけ算だけで
つくられた式！
4ab
=4×a×b
かけ算だけ
単項式
1つの文字や
1つの数も
単項式！
a　12
多項式は
単項式の和の形で
表された式で
1つ1つの単項式を
項というぞ！
3a + b
単項式
(項)
単項式
(項)
多項式
ひき算は
たし算になおして
考えよう！
x²−3x+4
=x²+(−3x)+4
項

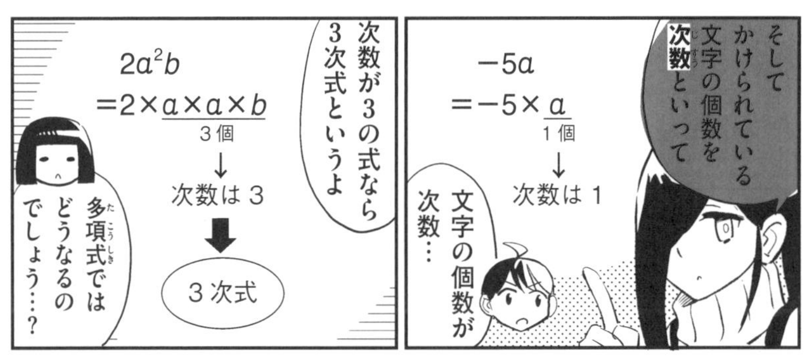
そして
かけられている
文字の個数を
次数といって
−5a
=−5×a
1個
次数は1
文字の個数が
次数…
次数が3の式なら
3次式というよ
2a²b
=2×a×a×b
3個
次数は3
3次式
多項式では
どうなるの
でしょう…？

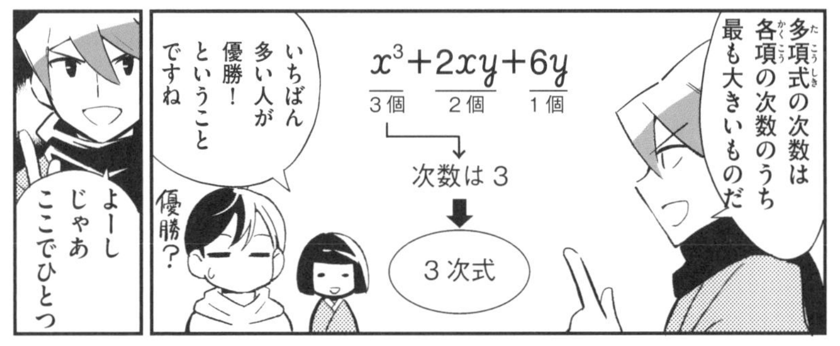
多項式の次数は
各項の次数のうち
最も大きいものだ
x³+2xy+6y
3個　2個　1個
次数は3
3次式
いちばん
多い人が
優勝！
ということ
ですね
優勝？
よーし
じゃあ
ここでひとつ

この問題をやってみやがれ!!
$3x^2+2xy^2-5y$
この式が何次式か答えやがれ!!
急に荒々しいなあ! 問題文まで!

えっと $3x^2$ だから… 2次式だよね
んん? 本当にそうかな?

ほら もっとよく見て! もっとよくチラ見して!
なんでチラ見なの
あ! $2xy^2$ の方が次数が大きいんだ
これは… 3次式ですね!
$3x^2+2xy^2-5y$
次数3
答 3次式
正解～
パチパチ

じゃあ次は同類項をまとめてみよう!
同類項…
ドン!
同類項
文字の部分がまったく同じ項
同類項
$2a+4b+5a-3b$
同類項

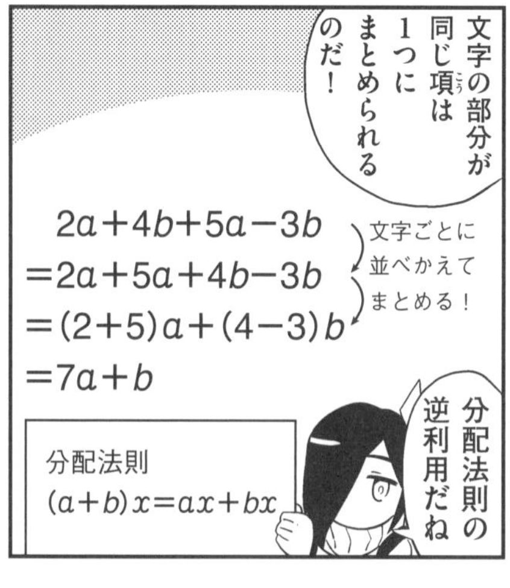
文字の部分が同じ項は1つにまとめられるのだ!
$2a+4b+5a-3b$
$=2a+5a+4b-3b$
$=(2+5)a+(4-3)b$
$=7a+b$
文字ごとに並べかえてまとめる!
分配法則
$(a+b)x=ax+bx$
分配法則の逆利用だね

aとbはまとめられないんですか？
まとめられないよ違うものだからね

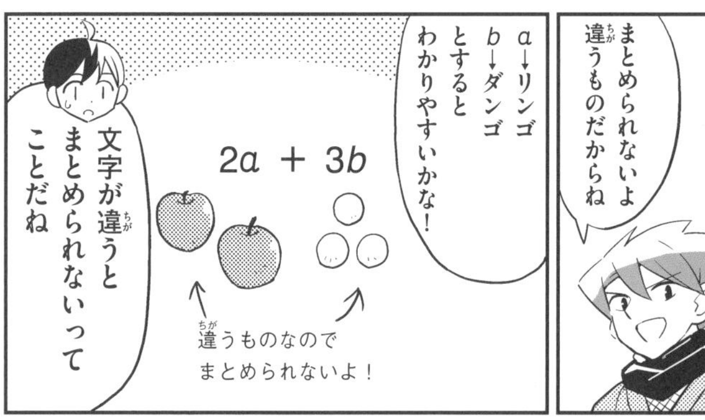
a→リンゴ
b→ダンゴ
とするとわかりやすいかな！
$2a + 3b$
違うものなので
まとめられないよ！
文字が違うとまとめられないってことだね

ではこの式の同類項をまとめてみよう！
$8a^2+5ab-a-3ab$
…あっ abがまとめられそうですね！
$8a^2+5ab-a-3ab$
$=8a^2+(5-3)ab-a$
$=8a^2+2ab-a$
ホントだ
えっと あとは…？
フフフ…
正解！
その式はそれで終わりだ！
$8a^2+2ab-a$
あっ これでいいんだ

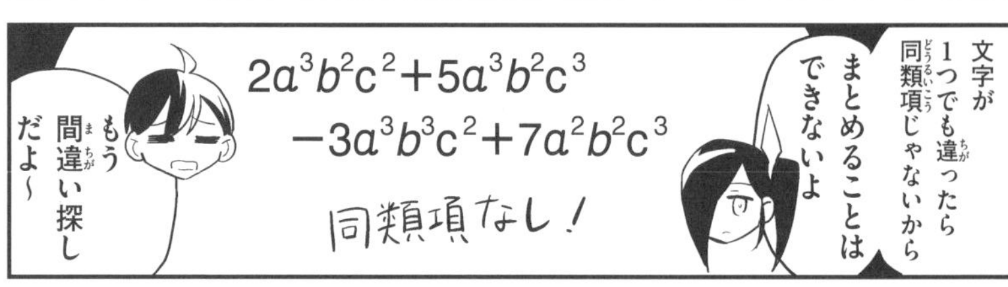
文字が1つでも違ったら同類項じゃないから
まとめることはできないよ
$2a^3b^2c^2+5a^3b^2c^3$
$-3a^3b^3c^2+7a^2b^2c^3$
同類項なし！
もう間違い探しだよ～

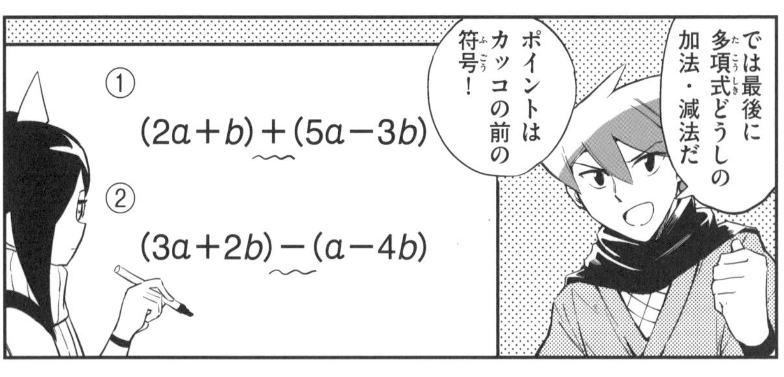
では最後に多項式どうしの加法・減法だ
ポイントはカッコの前の符号！
①
(2a＋b)＋(5a－3b)
②
(3a＋2b)－(a－4b)

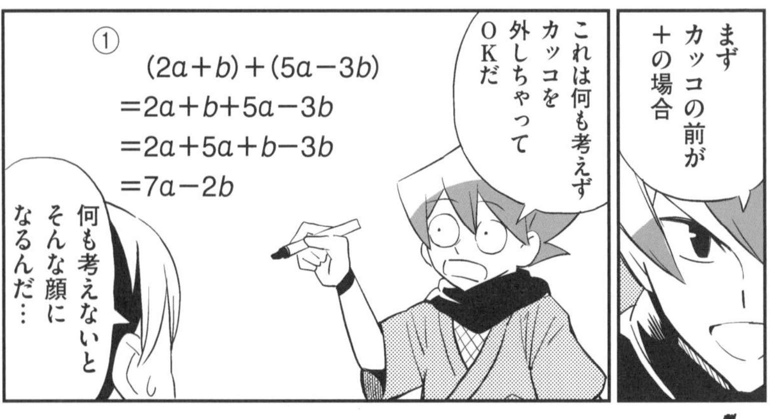
まずカッコの前が＋の場合
これは何も考えずカッコを外しちゃってＯＫだ
①
(2a＋b)＋(5a－3b)
＝2a＋b＋5a－3b
＝2a＋5a＋b－3b
＝7a－2b
何も考えないとそんな顔になるんだ…

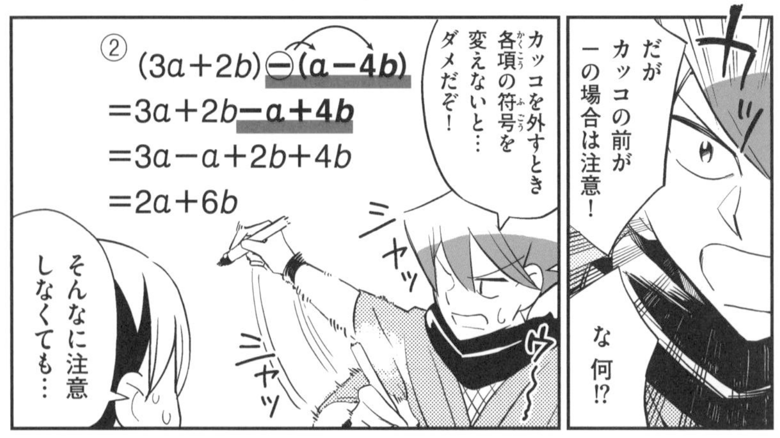
だがカッコの前が－の場合は注意！
ヤッ
な何!?
カッコを外すとき各項の符号を変えないと…ダメだぞ！
②
(3a＋2b)－(a－4b)
＝3a＋2b－a＋4b
＝3a－a＋2b＋4b
＝2a＋6b
シャッ
シャッ
ウ～～
そんなに注意しなくても…

ちなみに同類項を縦にそろえて計算することもできるよ
①
2a＋　b
＋）5a－3b
7a－2b
②
3a＋2b
－）　a－4b
2a＋6b
見やすくていいですね
というわけで今回はここまで！さあハジメくん遊ぼうぜー！
えー何して？

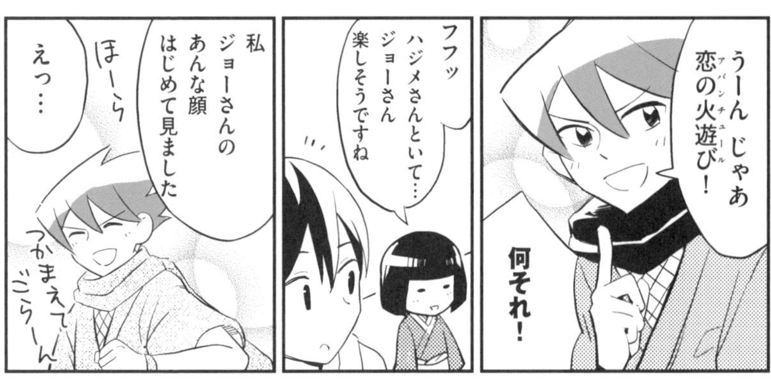
うーん じゃあ恋の火遊び！
何それ！
フフッ
ハジメさんといて…ジョーさん楽しそうですね
私ジョーさんのあんな顔はじめて見ました
ほーら
つかまえてごらーん
えっ…

普段…そんなに笑わないの？
意外…
あいえそうじゃなくて
さっきの顔…
あぁそっち……
この子もなんかズレてるなと思うハジメだった

7-2

多項式の乗法・除法

さて　前回は
多項式の
たし算・ひき算を
やったよね！
この流れで
今回はなんと！
まさかの！
多項式の
かけ算・わり算
だ～！
イエェェーイ
えーーっ
いや
きわめて自然な
流れだよ

というわけで
まずは
数×多項式
3(2x−4y)
計算の仕方は
カンタン！

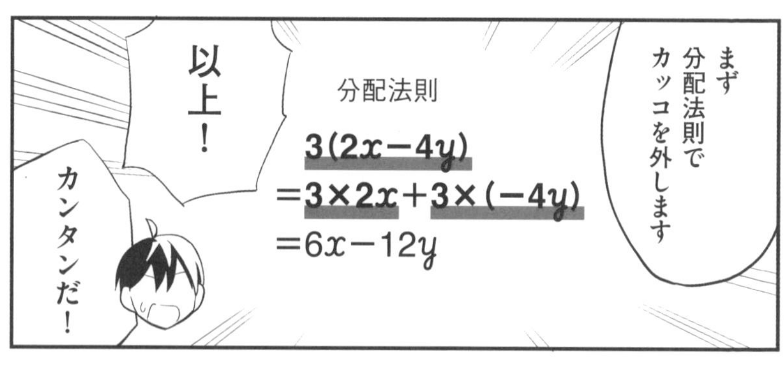
まず
分配法則で
カッコを外します
分配法則
3(2x−4y)
=3×2x+3×(−4y)
=6x−12y
以上！
カンタンだ！

そっか
カッコを
外すだけで
いいんだ
これ以上は
どうしようも
ないからね
これで
終わり

どうしようも
なくなって
終わり…
私の
未来かな…
急に
落ちないで
ください！

つづいて
わり算だけど
(9a＋12b)÷3
わり算など
かけ算に
してしまえば
よし！
かけ算に…

あ
逆数にするん
ですよね
÷3
×1/3
そう！

それができれば
あとは
さっきと同じだ！
(9a＋12b)÷3
＝(9a＋12b)×1/3
＝9a×1/3＋12b×1/3
＝3a＋4b
わり算を
かけ算に
分配法則で
カッコを外す
なるほど…

じゃあ次は
「数×多項式」
どうしを
たしひきしよう！
たしひき？

こういうやつなんだけど
2(4a＋b)＋3(a−2b)
2(4a＋b)−3(a−2b)
前回もこんな形あったよね！
何も考えてない顔してたやつ
ああ…

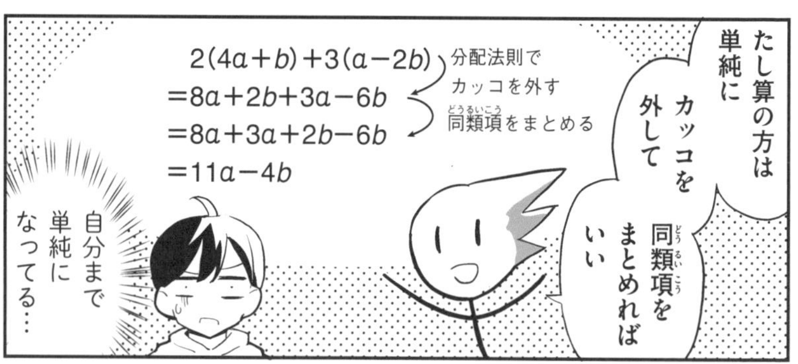

たし算の方は単純に
カッコを外して
同類項をまとめればいい
2(4a＋b)＋3(a−2b)
＝8a＋2b＋3a−6b
＝8a＋3a＋2b−6b
＝11a−4b
分配法則でカッコを外す
同類項をまとめる
自分まで単純になってる…

ただひき算の場合は符号に注意！
2(4a＋b)−3(a−2b)
＝8a＋2b−3a＋6b
＝8a−3a＋2b＋6b
＝5a＋8b
符号を変え忘れないように！
ウゥ〜〜ッ
スキを見せたら噛まれるぞ！
噛まないよ！符号は！
ではここでひとつ問題を出そう！
答えを選択肢から選んでくれ！
えっ…ううん

$\frac{2x+y}{3}-\frac{x-2y}{2}$ を計算しなさい。
① $\frac{x+8y}{6}$
② 鎌倉幕府
③ 江戸幕府
④ バナナ
さあどうだ！
何これ！
いや①でしょどう考えても！
選択肢ヘタすぎるよ！
どうかな～？では計算してみよう

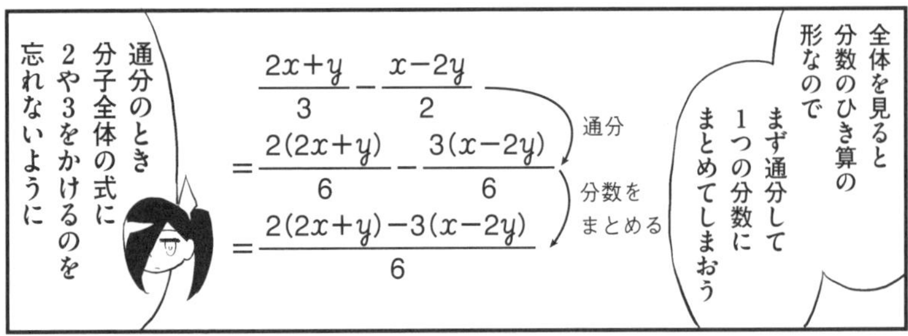
全体を見ると分数のひき算の形なので
まず通分して1つの分数にまとめてしまおう
$\frac{2x+y}{3}-\frac{x-2y}{2}$
$=\frac{2(2x+y)}{6}-\frac{3(x-2y)}{6}$
$=\frac{2(2x+y)-3(x-2y)}{6}$
通分
分数をまとめる
通分のとき分子全体の式に2や3をかけるのを忘れないように

あとは分子を整理すれば完成！
$=\frac{2(2x+y)-3(x-2y)}{6}$
$=\frac{4x+2y-3x+6y}{6}$
$=\frac{x+8y}{6}$
カッコを外す
同類項をまとめる
$\frac{x}{6}+\frac{4}{3}y$ でもOK
選択肢はもっとわかりづらくしないと…
わかりづらくかあ…
よし！じゃあこれでどうだ！
カキカキ
というわけで答えは①！正解だ！
パチパチ
おー
知ってたよ！

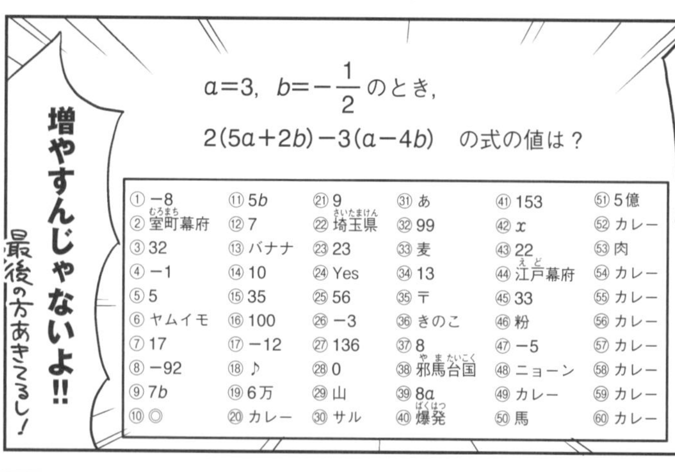

これならどうかな!?
$a=3$, $b=-\frac{1}{2}$ のとき,
$2(5a+2b)-3(a-4b)$ の式の値は？
① −8
② 室町幕府
③ 32
④ −1
⑤ 5
⑥ ヤムイモ
⑦ 17
⑧ −92
⑨ 7b
⑩ ◎
⑪ 5b
⑫ 7
⑬ バナナ
⑭ 10
⑮ 35
⑯ 100
⑰ −12
⑱ ♪
⑲ 6万
⑳ カレー
㉑ 9
㉒ 埼玉県
㉓ 23
㉔ Yes
㉕ 56
㉖ −3
㉗ 136
㉘ 0
㉙ 山
㉚ サル
㉛ あ
㉜ 99
㉝ 麦
㉞ 13
㉟ 〒
㊱ きのこ
㊲ 8
㊳ 邪馬台国
㊴ 8a
㊵ 爆発
㊶ 153
㊷ x
㊸ 22
㊹ 江戸幕府
㊺ 33
㊻ 粉
㊼ −5
㊽ ニョーン
㊾ カレー
㊿ 馬
51 5億
52 カレー
53 肉
54 カレー
55 カレー
56 カレー
57 カレー
58 カレー
59 カレー
60 カレー
増やすんじゃないよ!!
最後の方あきてるし!

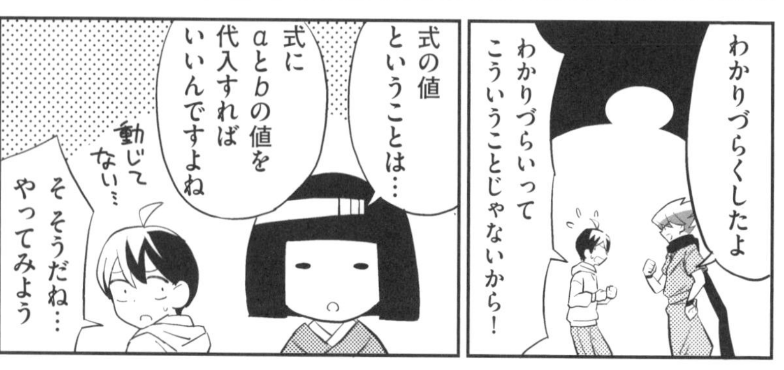

わかりづらくしたよ
わかりづらいってこういうことじゃないから!
式の値ということは…
式にaとbの値を代入すればいいんですよね
動じてない…
そ そうだね… やってみよう

$2\times\left\{5\times3+2\times\left(-\frac{1}{2}\right)\right\}$
$-3\times\left\{3-4\times\left(-\frac{1}{2}\right)\right\}$
ゴチャッ…
…う これは…
うーん それでもいいんだけど
ただそれだとちょっと骨折するかな!
骨折!?
「骨が折れる（苦労する）」って言いたいんだと思う

あっ 代入する前に 式をカンタンにするんじゃないですか？
$2(5a+2b)-3(a-4b)$
カッコを外す
$=10a+4b-3a+12b$
同類項をまとめる
$=7a+16b$
その通り！
あ そっか じゃあこれに代入だね

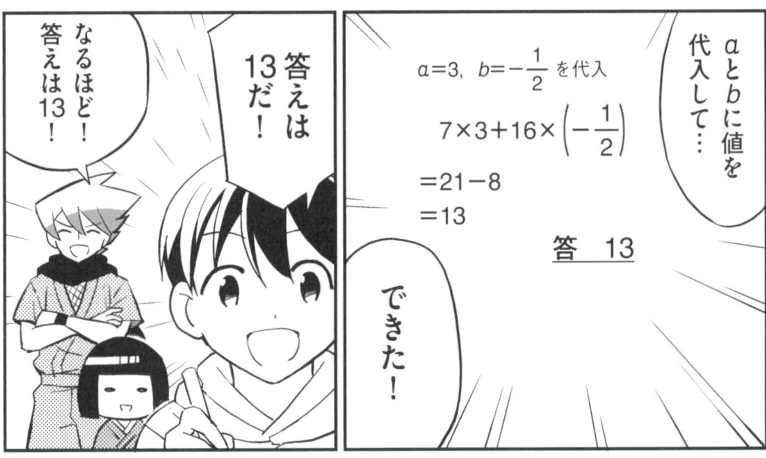
aとbに値を代入して…
$a=3,\ b=-\frac{1}{2}$ を代入
$7\times3+16\times\left(-\frac{1}{2}\right)$
$=21-8$
$=13$
答 13
できた！
答えは13だ！
なるほど！答えは13！

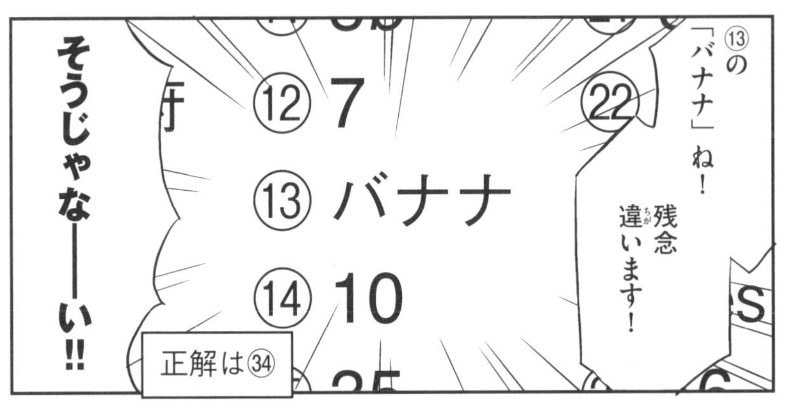
⑬の「バナナ」ね！
残念 違います！
⑫ 7
⑬ バナナ
⑭ 10
正解は㉞
そうじゃな――い!!

やってみよう VOL 4

1

次の計算をしましょう。

(1) $(8x+y)+(6x-2y)$

(2) $(5a+4b)-(8b-2a)$

(3) $(3a^2+2b)+(a+b)$

2

次の計算をしましょう。

(1)　$6(2x-8y)$

(2)　$(20x+12y)\div\frac{1}{4}$

答えは次のページへ

1 (1) $(8x+y)+(6x-2y)$

$=8x+y+6x-2y$ ← そのままカッコを外す

$=\underbrace{8x+6x}_{\text{同類項}}+\underbrace{y-2y}_{\text{同類項}}=\underline{\underline{14x-y}}$ 答

(2) $(5a+4b)-(8b-2a)$

$=5a+4b\underbrace{-8b+2a}_{\text{符号を変える}}$

$=\underbrace{5a+2a}_{\text{同類項}}+\underbrace{4b-8b}_{\text{同類項}}=\underline{\underline{7a-4b}}$ 答

(3) $(3a^2+2b)+(a+b)$

$=3a^2+2b+a+b$

$=3a^2+a+\underbrace{2b+b}_{\text{同類項}}=\underline{\underline{3a^2+a+3b}}$ 答

2 (1) $6(2x-8y)$

$=6\times2x-6\times8y$ （分配法則）

$=\underline{\underline{12x-48y}}$ 答

(2) $(20x+12y)\div\frac{1}{4}$

$=(20x+12y)\times4$

$=20x\times4+12y\times4$ （分配法則）

$=\underline{\underline{80x+48y}}$ 答

2問もまちがえた…
もう消えたい…
そんな落ち込まないでいいから!

7-3 単項式の乗法・除法、文字式の利用

うーん
いい天気！
まさに絶好の「単項式の乗法・除法、文字式の利用」日和だなぁ！
そんなピンポイントな日和あるんだ…

まずはこれ！単項式どうしのかけ算だ！

$3xy \times 2x$
これはどう計算するの？

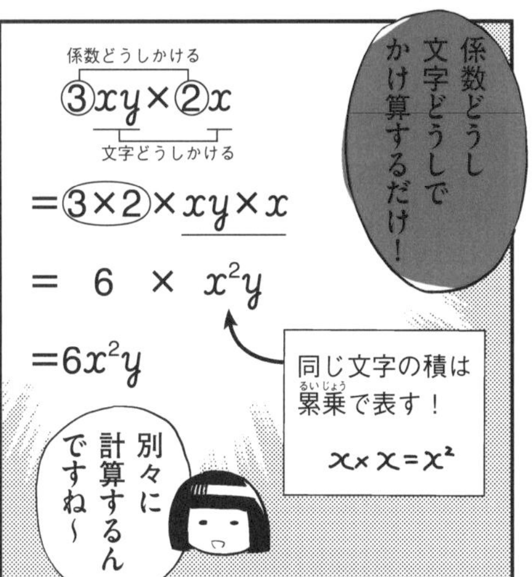

係数どうし文字どうしでかけ算するだけ！
係数どうしかける
$③xy \times ②x$
文字どうしかける
$=(3\times2)\times xy\times x$
$= 6 \times x^2y$
$=6x^2y$
同じ文字の積は累乗で表す！
$x\times x=x^2$
別々に計算するんですね～

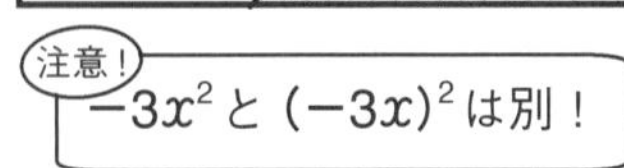

注意！
$-3x^2$ と $(-3x)^2$ は別！

- $-3x^2=-3\times x^2$
- $(-3x)^2=(-3x)\times(-3x)$
  $=(-3)\times(-3)\times x\times x$
  $=9x^2$

2乗のかかるところが違うのだ！

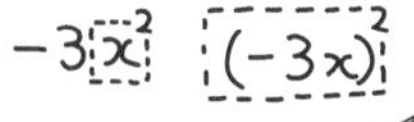

なに言ってんだ…

カ、カンちがいしないでよね！

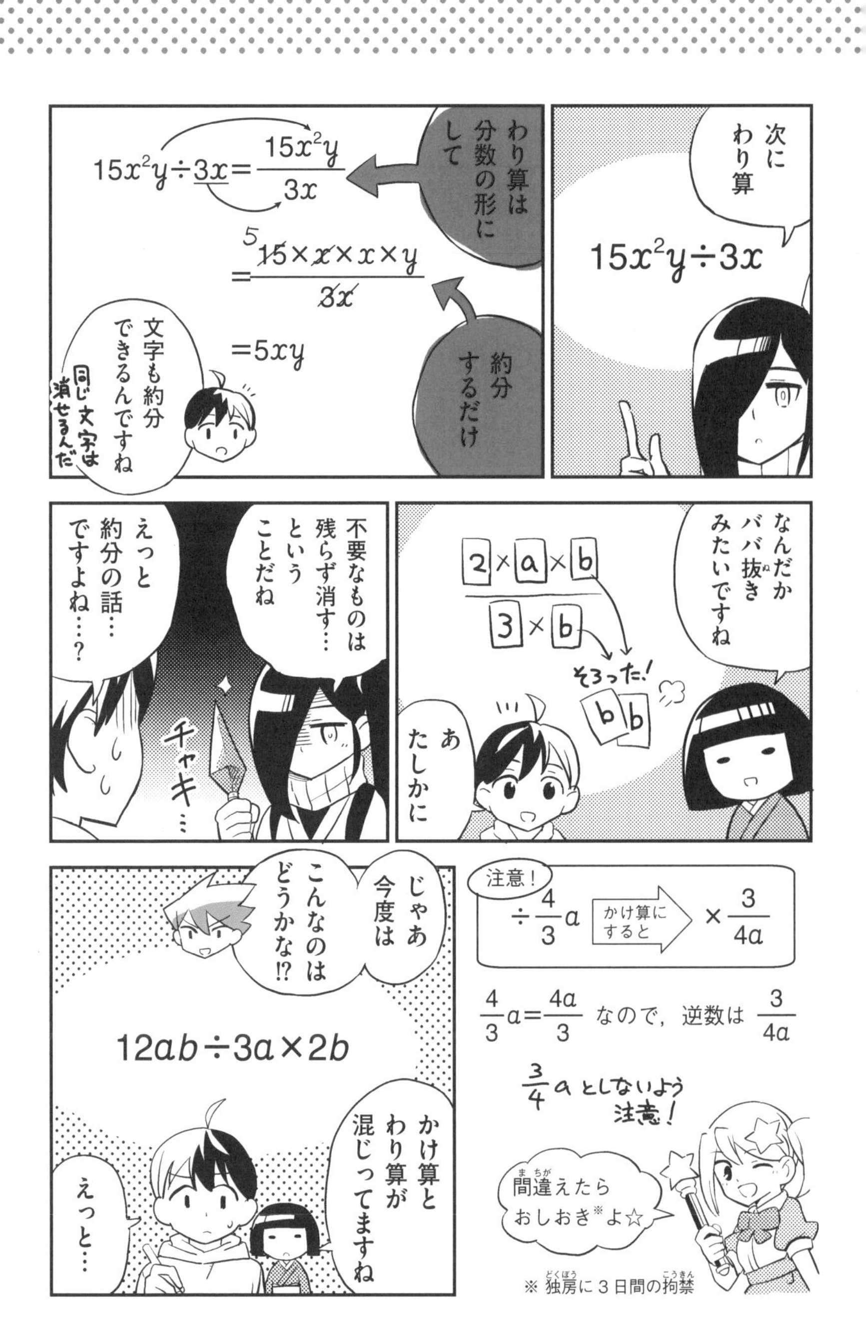
次に
わり算
$15x^2y \div 3x$
わり算は分数の形にして
$15x^2y \div 3x = \frac{15x^2y}{3x}$
$= \frac{\overset{5}{\cancel{15}} \times \cancel{x} \times x \times y}{\cancel{3}\cancel{x}}$
$= 5xy$
約分するだけ
文字も約分できるんですね
同じ文字は消せるんだ
なんだかババ抜きみたいですね
$\frac{2 \times a \times b}{3 \times b}$
そろった！
b b
あ たしかに
不要なものは残らず消す…ということだね
チャキ…
えっと約分の話…ですよね…？
じゃあ今度はこんなのはどうかな⁉
$12ab \div 3a \times 2b$
かけ算とわり算が混じってますね
えっと…
注意！
$\div \frac{4}{3}a$ かけ算にすると $\times \frac{3}{4a}$
$\frac{4}{3}a = \frac{4a}{3}$ なので，逆数は $\frac{3}{4a}$
$\frac{3}{4}a$ としないよう注意！
間違えたらおしおき※よ☆
※ 独房に３日間の拘禁

まずは
分数に
するんだよね…
12ab
3a×2b
惜しい！
後ろの
かけ算は
分子だ！
分子に
分母に
12ab÷3a×2b＝12ab×2b/3a
約分
＝12×a×b×2×b/3×a
＝8b²
あ
そっか…
まとめて
考えちゃった
かけ算は分子！
わり算は分母だ！
ボクのことは
忘れても…
このことだけは
覚えておいて
くれ…！
そこまで…!?
さて
話は変わって
こんな問題を
やってみよう
連続する
3つの整数の和が
3の倍数になることを
説明しなさい。
連続する…
3つの
整数の和？
1＋2＋3＝6
…3の倍数だね
10＋11＋12＝33
…たしかに
そうですね
へぇ～
不思議！
不思議
ですね～！
いや
不思議
じゃなくて…
説明…

1つ1つ確かめるわけにもいかないよね…
それは一生かけても終わらない　そこで

すべての整数の代表をnとしよう
整数 n
すると

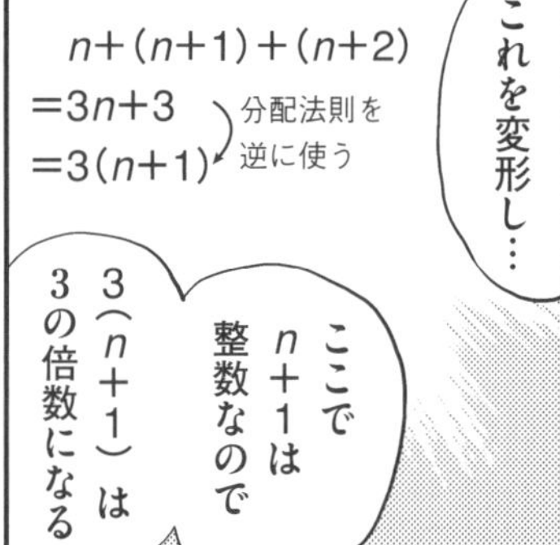

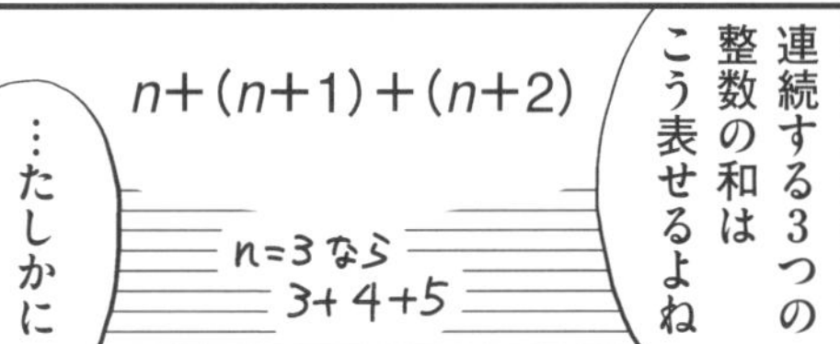

連続する3つの整数の和はこう表せるよね
n＋(n＋1)＋(n＋2)
n=3なら
3+4+5
…たしかに

これを変形し…
n＋(n＋1)＋(n＋2)
＝3n＋3
＝3(n＋1)
分配法則を逆に使う
ここでn＋1は整数なので
3(n＋1)は3の倍数になる
したがって連続する3つの整数の和が3の倍数になるといえる
はあ～…
カッコいい…

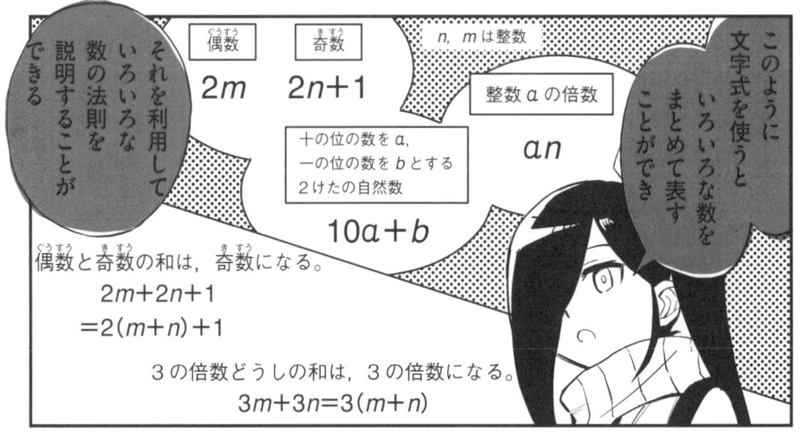

このように文字式を使うといろいろな数をまとめて表すことができ
それを利用していろいろな数の法則を説明することができる
n，mは整数
偶数
2m
奇数
2n＋1
整数 a の倍数
an
十の位の数を a，
一の位の数を b とする
2けたの自然数
10a＋b
偶数と奇数の和は，奇数になる。
2m+2n+1
=2(m+n)+1
3の倍数どうしの和は，3の倍数になる。
3m+3n=3(m+n)

ここは数学の
面白いところだと
思う…
ね～！
マジ
ウケる
よね～！

そういう
面白さじゃあ
ない……！
キュッ
死ぬぅ～っ

じゃあ
次は
この式を
xについて
解こう
2x+y=7
↓
x=
「(文字)=～」の形に
変形することを
「(文字)について解く」
というよ。
なんで平然と
してられるの…？

やり方は
方程式を
解くときと
同じ

2x+y=7
+yを移項
2x=7−y
両辺を2でわる
x=(7−y)/2
…で
オッケーだ！
なるほど…

…と ここまで
文字式について
やってきたけど
公式なども
同じように
扱うことができる
公式？

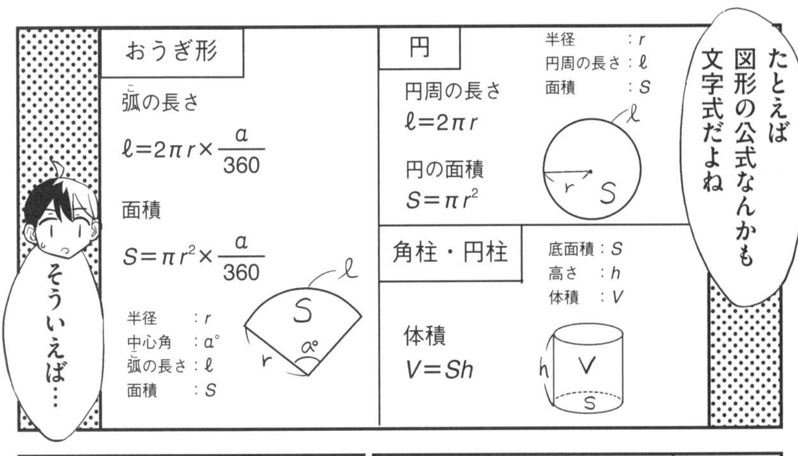
たとえば
図形の公式なんかも
文字式だよね
おうぎ形
弧の長さ
$\ell=2\pi r\times\frac{a}{360}$
面積
$S=\pi r^2\times\frac{a}{360}$
半径 ：r
中心角 ：$a°$
弧の長さ：ℓ
面積 ：S
円
円周の長さ
$\ell=2\pi r$
円の面積
$S=\pi r^2$
半径 ：r
円周の長さ：ℓ
面積 ：S
角柱・円柱
体積
$V=Sh$
底面積：S
高さ ：h
体積 ：V
そういえば…

円の
円周の長さを
rについて解くと
$\ell=2\pi r$
$2\pi r=\ell$
$r=\frac{\ell}{2\pi}$
こう
うんうん
他にもこの式を
xについて解くと
スッ…
$\frac{x}{chi}=un$
これは…
何の公式…？

こう
トン
$x=unchi$
くだらないよ！
…あ でも
アルファベット順なら
chinu じゃないですか？
マジメに
考えなくていいよ…
馬鹿めが
……！
ギュッ
ちぬぅ～～っ
死は免れた

COLUMN VOL 7

ガウス少年のレンガ積み計算術

天才といわれるガウス（1777年～1855年）が7歳のときのこと。小学校のビュトナーという先生がクラスの子どもたちに、「1から100までの数字をすべて足しなさい」という問題を与えたことがありました。子どもには時間のかかる計算です。

どうやら先生は、子どもたちがこの問題をやっている間に別の仕事を片付けようと思っていたようなのですが、残念なことに、その思惑は外れます。なぜなら、ガウス少年が「先生！　できました！」とすぐに計算を終えてしまったためです。

あまりの速さに驚いたビュトナー先生がガウス少年の解答を確かめたところ、みごとに正解でした（しかも正解は彼一人）。ビュトナーはガウス少年の能力に感嘆し、貧乏なガウスのために自腹で高価な数学の本を買ってあげたり、バーテルスという数学能力に秀でた助手を紹介して、ガウス少年の勉学を助けます。

ところで、ガウス少年はどのような計算をしたのでしょうか。

1＋2＋3＋……＋98＋99＋100

をそのまま計算したとは思えません。少し、アタマをひねってみます。つまり、もう一つ、同じ計算を逆順に並べてみます。

100＋99＋98＋……＋3＋2＋1

それぞれの同じ項を加えるとすべて101になり、それが100個ありますから、

S＝1＋2＋3＋……＋98＋99＋100
S＝100＋99＋98＋……＋3＋2＋1

■の中を足すと、どれも 101 になる。
それが全部で、100 個あるから、

2S＝101×100＝10,100　よって、S＝5050

101×100＝10,100

です。これは 1＋2＋3＋……＋99＋100 の二つ分に相当するので、1万100を2で割ると5050というわけです。

この方法を使うと、1～1万でも、10～500でも、かんたんに計算できます。彼は日本の高校生が習う「数列の和」を使っていたことになります。

しかし、いくらガウスが天才だといっても、何もないところから新しい計算法（数列の和）のアイデアが浮かぶ

COLUMN VOL 7

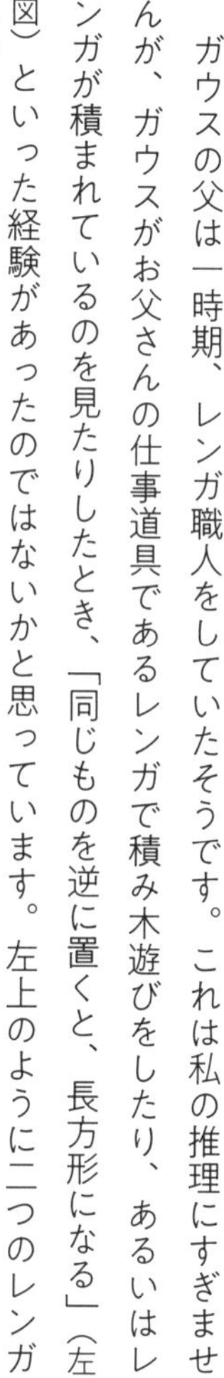

とは思えません。

ガウスの父は一時期、レンガ職人をしていたそうです。これは私の推理にすぎませんが、ガウスがお父さんの仕事道具であるレンガで積み木遊びをしたり、あるいはレンガが積まれているのを見たりしたとき、「同じものを逆に置くと、長方形になる」（左図）といった経験があったのではないかと思っています。左上のように二つのレンガの塊を並べれば、左下のような長方形になり、彼の計算と同じことになるからです。

❷　逆順にレンガを並べる

❶　レンガを1つ、2つ……5つ並べる

❸　2つのレンガの塊を合わせると長方形ができる

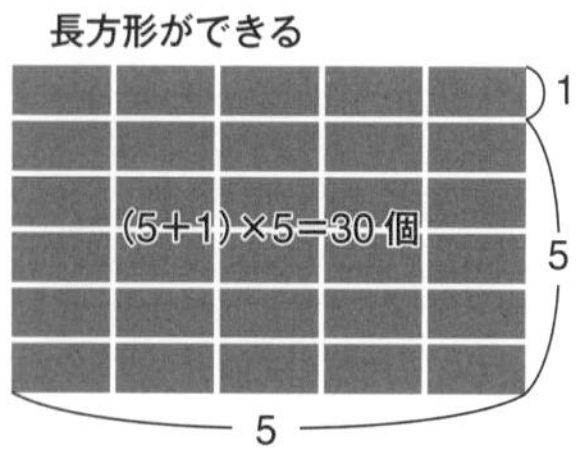

❹　1+2+3+4+5
=(5+1)×5÷2
=15（個）

第8章

連立方程式

8-1

連立方程式の解き方

だ〜れだ？
わっ
いや ジョーさ…
現在のアルゼンチンの大統領はだ〜れだ？
なんだって!?
さて今日は連立方程式！ こんなやつだ！
$4x-y=2$ …①
$2x+y=16$ …②
見せてくれるかなあ!?
連立方程式とは 2つ以上の方程式を組み合わせたもの
組み合わせたどの方程式も成り立たせる文字の値の組を連立方程式の解というよ 解を求めることを「解く」という
ボクは誰…？
文字の値の組…？

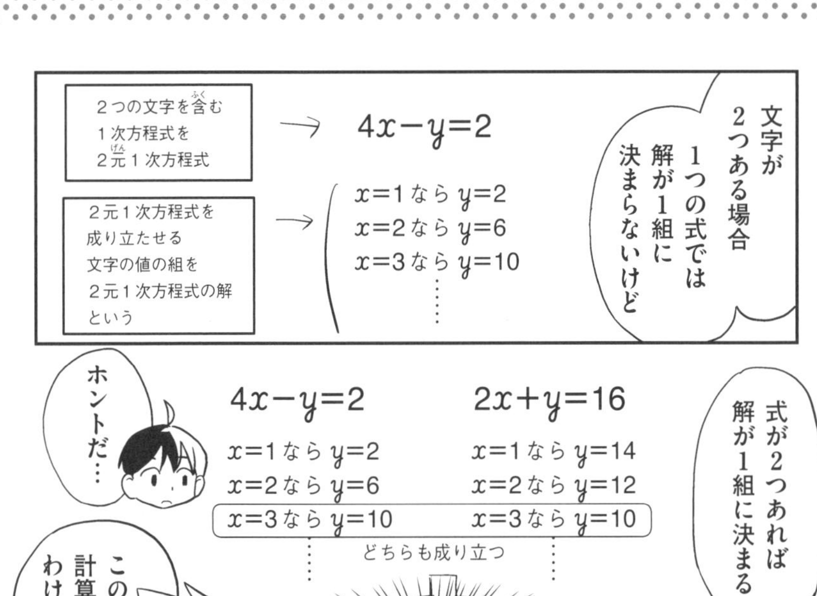
文字が2つある場合1つの式では解が1組に決まらないけど
2つの文字を含む1次方程式を2元1次方程式
4x−y=2
2元1次方程式を成り立たせる文字の値の組を2元1次方程式の解という
x=1 なら y=2
x=2 なら y=6
x=3 なら y=10
……
式が2つあれば解が1組に決まる
ホントだ…
4x−y=2
x=1 なら y=2
x=2 なら y=6
x=3 なら y=10
2x+y=16
x=1 なら y=14
x=2 なら y=12
x=3 なら y=10
どちらも成り立つ
この解を計算で求めるわけだ！
解：x=3, y=10

1人じゃ答えは定まらない
でも2人なら答えを見つけられる
連立方程式って……ボクたちみたいだよね
…それでどうやって解けばいいんですか
1つの式に文字が2つもあると邪魔だから
邪魔者は消去すればいい…
なんか怖い

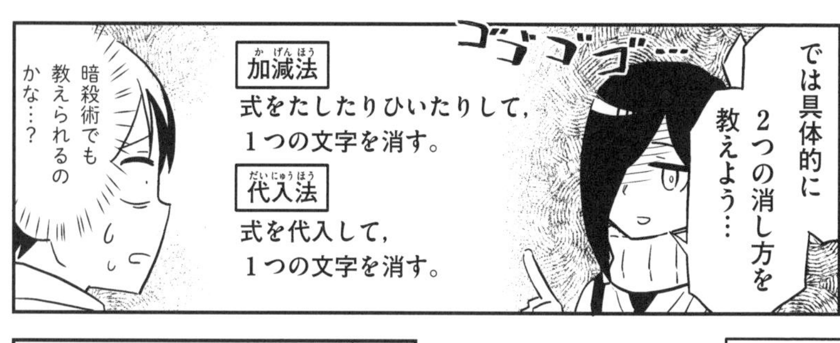
では具体的に2つの消し方を教えよう…
ゴゴゴゴ…
加減法
式をたしたりひいたりして，1つの文字を消す。
代入法
式を代入して，1つの文字を消す。
暗殺術でも教えられるのかな…？

加減法
4x−y=2 …①
2x+y=16 …②
①と②を見比べると式どうしをたせばyが消えそうだよね
式どうしをたす？
そう
するとyを滅して xだけの式ができ
滅して!?
4x−y=2
+) 2x+y=16
6x =18
滅
x=3
xの値がわかる
あとはxの値を①か②に代入すれば…
②の方がカンタンそうかな
4x−y=2 …①
2x+y=16 …②
3
yの値もわかる
x=3を②に代入して，
2×3+y=16
6+y=16
y=10
これが加減法を使った解き方だよ
おー
そして…

代入法

$\begin{cases} y=2x-3 & \cdots① \\ 3x+2y=8 & \cdots② \end{cases}$
「y=」や「x=」の形の式があるときは代入法の出番！
「y=」の式をもう一方の式のyにバシィ！と代入すれば
$y=2x-3 \quad \cdots①$
$3x+2y=8 \cdots②$
バシィ！
バシィ？
$3x+2(2x-3)=8$
$3x+4x-6=8$
$7x=14$
$x=2$
yが消えてxの値がバーン！とわかるので！
バーン！
あとはさっきと同じ！
$x=2$を①に代入して，
$y=2\times2-3$
$y=1$
xの値を①か②に代入すればyの値がムワァッと出る！
ムワァッ…
yの出方やだなあ！

まあ使う機会が多いのは加減法かな…
…え？なんだって？
？
「そのまま加減しても文字が消せない場合はどうすればいいの」って？
言ってないよ！
都合のいい質問を捏造しないで！

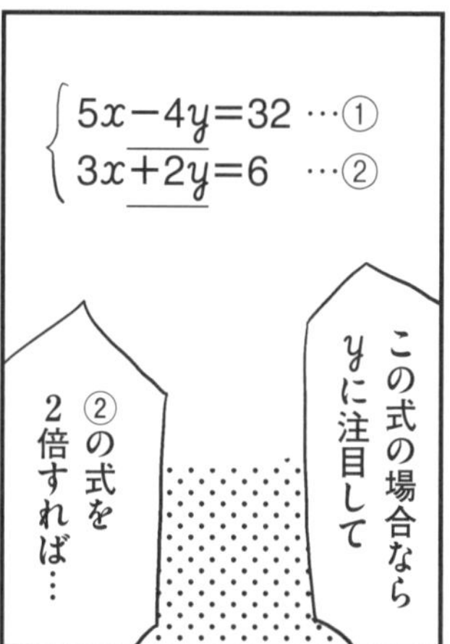
5x−4y=32 …①
3x+2y=6 …②
この式の場合なら yに注目して
②の式を2倍すれば…

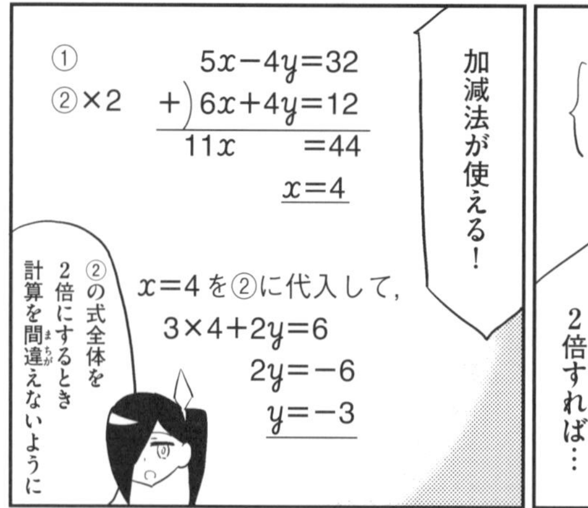
加減法が使える!
① 5x−4y=32
②×2 +)6x+4y=12
11x =44
x=4
x=4を②に代入して,
3×4+2y=6
2y=−6
y=−3
②の式全体を2倍にするとき計算を間違えないように

…え?「片方の式を何倍かしてもダメな場合はどうすればいいゴブ」って?
だから言ってないよ!
言ってないしそんなゴブリンみたいな語尾もない!

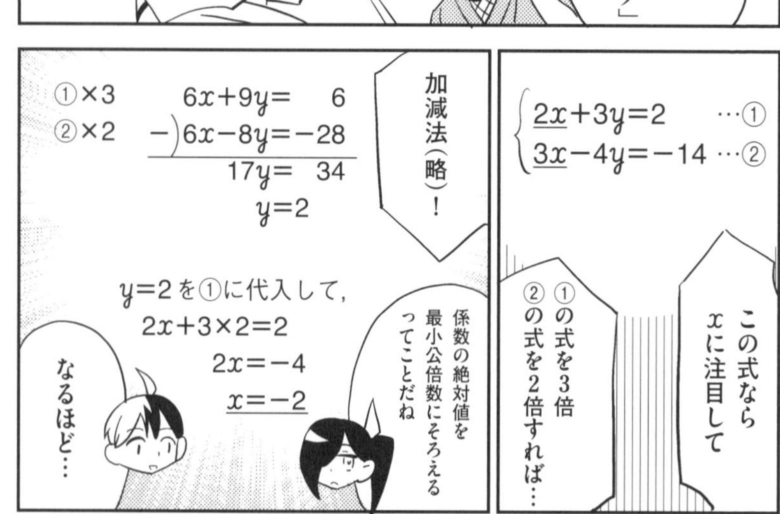
2x+3y=2 …①
3x−4y=−14 …②
この式ならxに注目して
①の式を3倍 ②の式を2倍すれば…
加減法(略)!
①×3 6x+9y= 6
②×2 −)6x−8y=−28
17y= 34
y=2
y=2を①に代入して,
2x+3×2=2
2x=−4
x=−2
係数の絶対値を最小公倍数にそろえるってことだね
なるほど…

…あ
そういえば
え
総入れ歯？
するの？
しないよ!!
「そういえば」！
今回
全然しゃべってないけど
どうし…
だーれだ
うわっ
いや
もういい…

って……
何!?
この子はいったい…
次回へつづく！

8-2

いろいろな連立方程式

あっ 急にすみません
私 こういう ものです！
ズバーン
どういう もの？
あ ひょっと して
せつなさん？
はいっ 生身でははじめまして～ あっ 生身のニョン太！
なゆたの妹
せつな（生身）
思ってたより 元気な人だ…
生身…
ごめん テンション 上がってる みたいで
代わりに私が テンション 下げるから 滅びてしまえ… 何もかも……
そんなバランス とらなくて いいんです！

さーて今回は
連立方程式を解く前にひと手間いるやつらを紹介するぜ!
お願いしますぜ~
ぜ…
ひとてま
解く
カッコがある連立方程式
まずこれ ②にカッコがあるけどどうしたらいいと思う?
4x−y=−4 …①
3x−2(y−3)=8 …②
タン
…外すんじゃないかな?
アゴを?
残念違います!!
かっこ!!
スコーン
いやカッコカッコ!
実はこれカッコを外すんだよね
3x−2(y−3)=8 …②
3x−2y+6=8
3x−2y=2
知ってたよ
で連立方程式にもどすと…
変形したので②'としよう
4x−y=−4 …①
3x−2y=2 …②'
あカンタンになりましたね

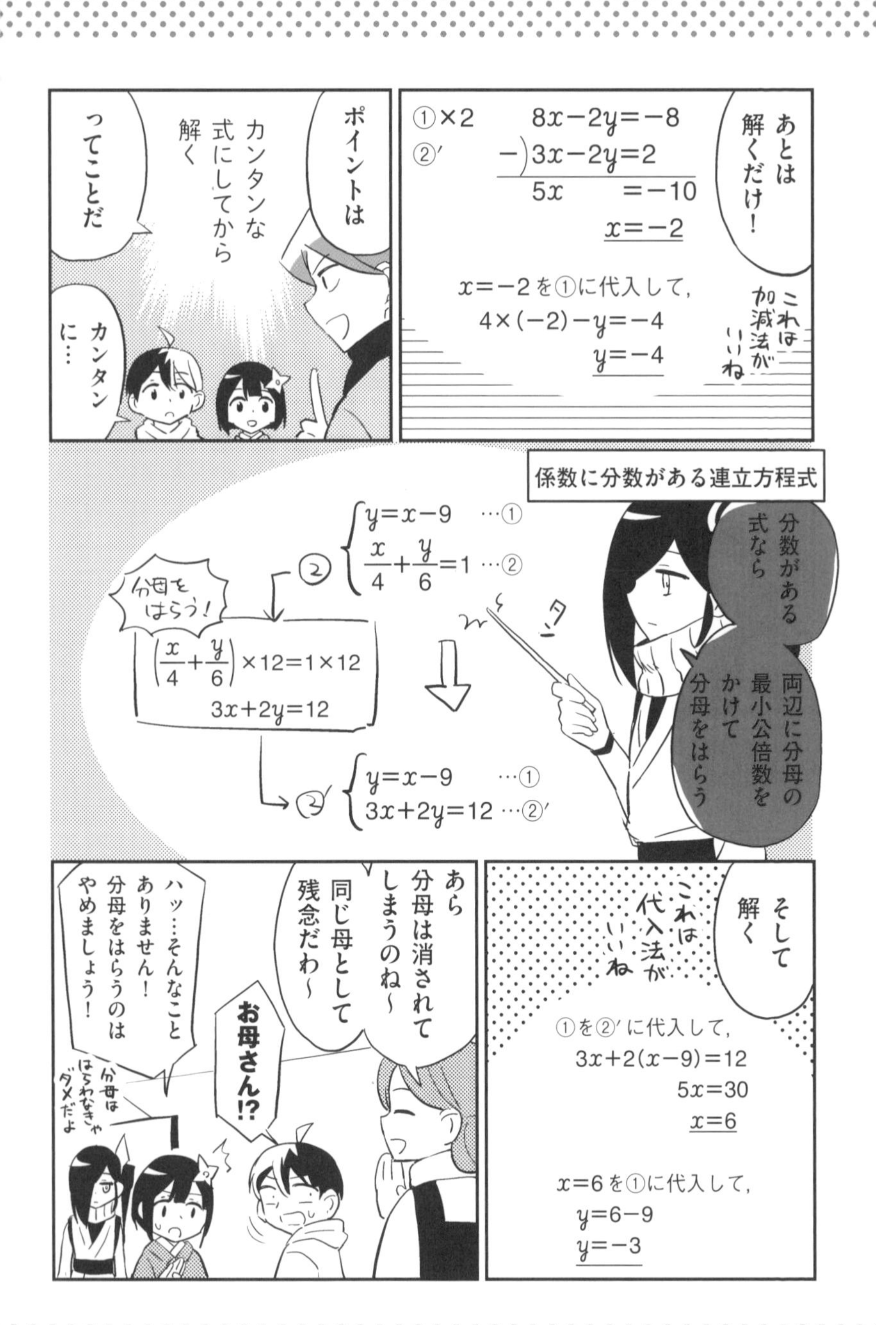
あとは解くだけ！
①×2　$8x-2y=-8$
②′　$-)\ 3x-2y=2$
$5x\quad=-10$
$x=-2$
$x=-2$ を①に代入して，
$4\times(-2)-y=-4$
$y=-4$
これは加減法がいいね
ポイントはカンタンな式にしてから解く
ってことだ
カンタンに…
係数に分数がある連立方程式
$\begin{cases} y=x-9 & \cdots① \\ \frac{x}{4}+\frac{y}{6}=1 & \cdots② \end{cases}$
分母をはらう！
$\left(\frac{x}{4}+\frac{y}{6}\right)\times12=1\times12$
$3x+2y=12$
$\begin{cases} y=x-9 & \cdots① \\ 3x+2y=12 & \cdots②' \end{cases}$
分数がある式なら
両辺に分母の最小公倍数をかけて分母をはらう
そして解く
これは代入法がいいね
①を②′に代入して，
$3x+2(x-9)=12$
$5x=30$
$x=6$
$x=6$ を①に代入して，
$y=6-9$
$y=-3$
あら分母は消されてしまうのね～同じ母として残念だわ～
お母さん!?
ハッ…そんなことありません！分母をはらうのはやめましょう！
分母ははらわなきゃダメだよ

係数に小数がある連立方程式
小数がある式だったら両辺を10倍、100倍、…して係数を整数にする！
ビシィ
$\begin{cases} 4x+5y=-28 & \cdots① \\ 0.2x+0.3y=-2 & \cdots② \end{cases}$
②
10倍
$(0.2x+0.3y)\times 10=-2\times 10$
$2x+3y=-20$
②′
$\begin{cases} 4x+5y=-28 & \cdots① \\ 2x+3y=-20 & \cdots②' \end{cases}$
でこれを解くと…
ニョーン
その通り！こうなる！
①−②′×2より，
$-y=12$
$y=-12$
$y=-12$を②′に代入して，
$2x-36=-20$
$2x=16$
$x=8$
今の答え言ったの!? あのひと鳴きで!?
すごいですねー
A=B=C の形の連立方程式
じゃあこんなのはどうかな？
イコールが2つ…？
$3x-2y=-6x+5y=3$
の解(かい)を求めよ。
こういうA=B=Cの形の式は
式を組み合わせ連立方程式をつくって解く！
$A=B=C$
$\begin{cases} A=B \\ A=C \end{cases}$ $\begin{cases} A=B \\ B=C \end{cases}$ $\begin{cases} A=C \\ B=C \end{cases}$
3通りの連立方程式がつくれる

なるべくカンタンな連立方程式をつくりたいから
いちばんカンタンな辺を2回使おう！
カンタン
$3x-2y=-6x+5y=3$
$3x-2y=3$ …①
$-6x+5y=3$ …②
①×2 $6x-4y=6$
② +) $-6x+5y=3$
$y=9$
あとはこれを解けばいいんだね？
$y=9$ を①に代入して，
$3x-2\times9=3$
$3x=21$
$x=7$
オッケーオッケー
係数を求める問題
さて最後はこれ！
うーん…a、b、c、dがあってややこしい…
って右手長くない!?
連立方程式 $\begin{cases} ax-by=-1 & \cdots① \\ bx+ay=8 & \cdots② \end{cases}$ の解が $\begin{cases} x=-2 \\ y=1 \end{cases}$ のとき，
a，b の値を求めなさい。
いやいや左手を縮めた分だよ
プラマイ0
妖怪だよもう！
＋
−
そうですね…とりあえずx、yの値を代入してみましょうか
$x=-2$，$y=1$ を
①，②に代入すると，
$a\times(-2)-b\times1=-1$
$-2a-b=-1$
$b\times(-2)+a\times1=8$
$-2b+a=8$
うぅん

あ
x、yが消えてa、bの連立方程式になりましたね
ホントだ！じゃあ
$-2a-b=-1$ …①′
$-2b+a=8$ …②′
あとは解くだけ…かな！
①′ $-2a-b=-1$
②′×2 +) $2a-4b=16$
$-5b=15$
$b=-3$
$b=-3$を②′に代入して，
$a=2$
正解！

みんなお疲れさま～
さあおやつにしましょ
あうん！
おやつだって！なんだろう!?
砂糖水を含ませたわたかな!?
わた!?
そんなノコギリクワガタじゃないんですから～

麦茶をふくませたわたじゃないでしょうか
そっかー
なんでもいいわよー
ますますわけのわからない世界になったなぁと思うハジメだった
心の声を代弁しないでください…

COLUMN VOL 8

ロバ17頭の遺産分割

次の話、どこがおかしいのか、考えてみてください。

中東での話。三人兄弟の父親が亡くなり、遺産はロバが17頭。遺言書には次のように書いてあったそうです。

「長男には$\frac{1}{2}$のロバを、次男には$\frac{1}{3}$のロバを、三男には$\frac{1}{9}$のロバを遺産として渡すので、仲良く分けるようにしなさい」

父親の遺言書に書かれた通りに計算してみると、次のようになります。

$$17\times\frac{1}{2}=8.5 \qquad 17\times\frac{1}{3}=5.666\cdots\cdots \qquad 17\times\frac{1}{9}=1.888\cdots\cdots$$

これを見て、三人は困ってしまいました。遺言通りにロバを分けようとすれば、ロバの体を切ることになるからです。そんな分け方はできません。

そこに折よく、1頭のロバを連れたお坊さんが現れたのです。困った三人は、ロバをどう分ければよいかをお坊さんに相談してみました。

するとお坊さんは少し考えた後、自分の連れてきたロバを1頭、三人にあげることにし、それで分けてみるように言いました。ロバは全部で18頭になったので、これで計算すると、長男は9頭、次男は6頭、三男は2頭と、整数で割り切れます。

しかも、遺言書に書かれていた長男$\frac{1}{2}$、次男$\frac{1}{3}$、三男$\frac{1}{9}$の割合よりも多いので大喜びです。こうしてお坊さんはそれぞれに9頭、6頭、2頭を引き渡したところ、不思議なことに、全部で17頭に過ぎなかったのです。そこで、余った1頭はお坊さんが連れて帰った、という話です。めでたし、めでたし。

ここからが本題です。なぜこんな不思議なことになったか、おわかりでしょうか。実は、「不思議」と思うことに間違いがあったのです。というのは、父親の遺産分割に間違いがあったことです。

$$\frac{1}{2}+\frac{1}{3}+\frac{1}{9}=\frac{9}{18}+\frac{6}{18}+\frac{2}{18}=\frac{17}{18}$$

つまり、遺産相続の総計が初めから1になっていなかっただけのこと。「全部で1になる」と思い込んでいたのが間違いでした。お坊さんはそこに気づいていたのです。

私にも
ロバ
ください！
なんで
欲しいの？
ズバーン

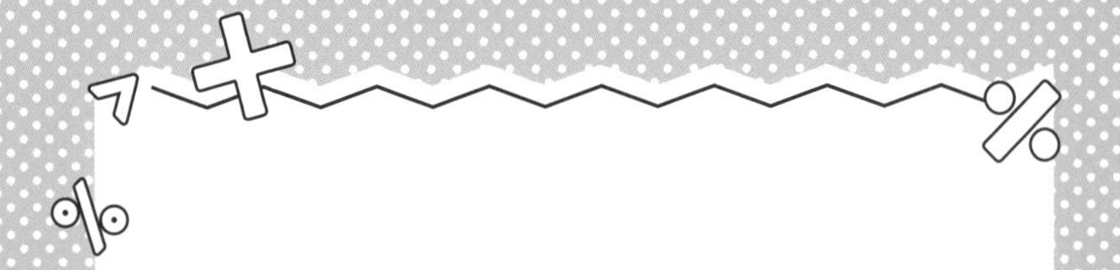

第9章

1次関数

9-1

1次関数と変化の割合、1次関数のグラフ

さて
今回やる
1次関数だけど
4－1で
やった「比例」も
1次関数の
ひとつだ！
そうなの？
まずここに
2グラムの精が
います！
2グラムの精
って何…？
この
合計の重さyは
個数xで
こう表せるよね
$y=2x$
比例
ですね
2x g
ここに
5グラムの精を
加えると
5グラムの精
渋いな！
ズン
こんな式に
なる！
$y=2x+5$
これが
1次関数だ！
これが
…？
2x+5 g
おぼえよう！
1次関数の式
$y=ax+b$ (a, bは定数, $a \neq 0$)
xに比例する部分 定数の部分
このように
yがxの関数で、
yがxの1次式で
表されるとき
yは
xの1次関数である
というのだ！
比例は
1次関数のうち
$b=0$の場合
ってことだね

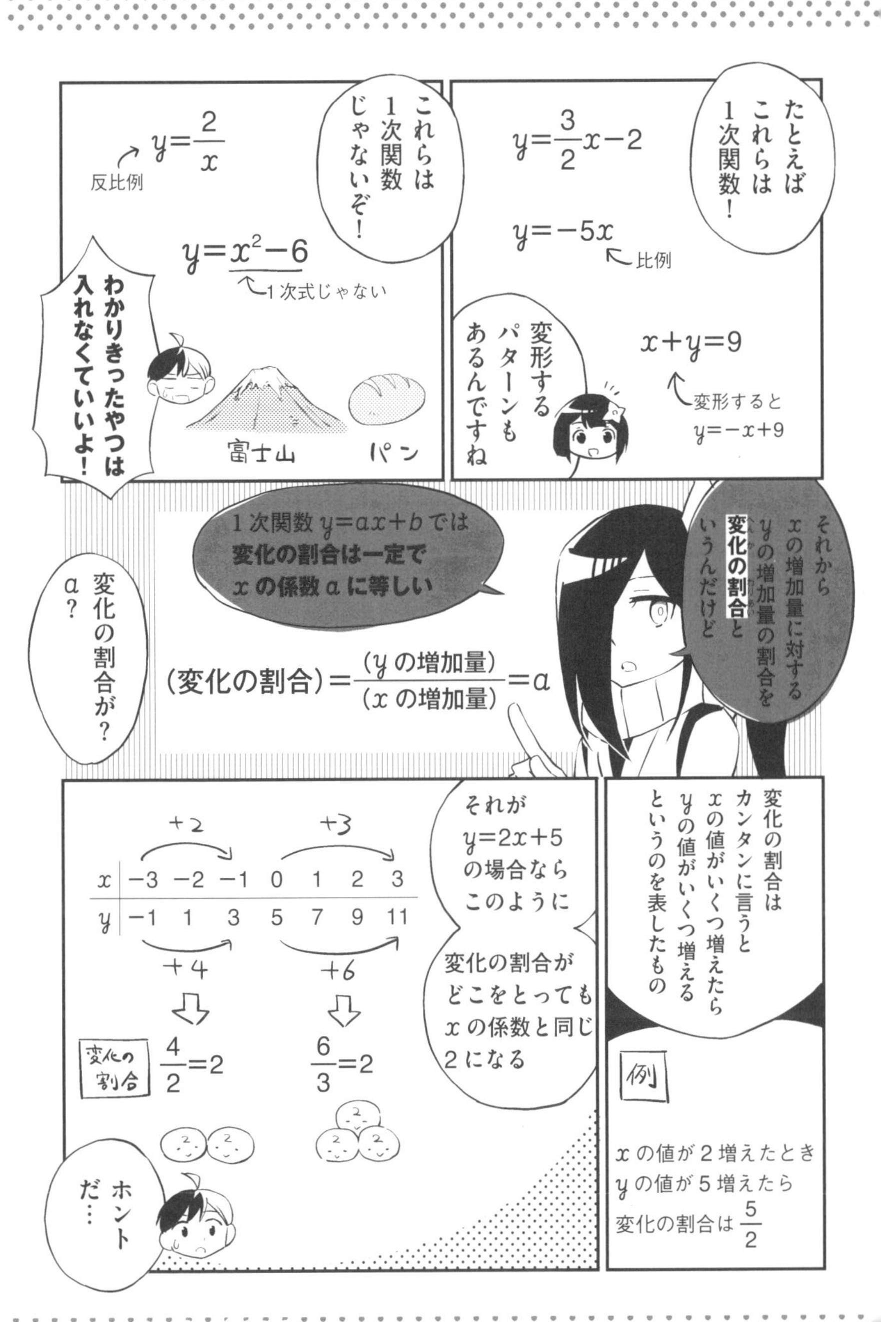
たとえばこれらは1次関数!
$y=\frac{3}{2}x-2$
$y=-5x$
比例
$x+y=9$
変形すると $y=-x+9$
変形するパターンもあるんですね
これらは1次関数じゃないぞ!
$y=\frac{2}{x}$
反比例
$y=x^2-6$
1次式じゃない
富士山
パン
わかりきったやつは入れなくていいよ!
それからxの増加量に対するyの増加量の割合を変化の割合というんだけど
1次関数 $y=ax+b$ では変化の割合は一定でxの係数aに等しい
(変化の割合)$=\frac{(y\text{の増加量})}{(x\text{の増加量})}=a$
変化の割合が? a?
変化の割合はカンタンに言うとxの値がいくつ増えたらyの値がいくつ増えるというのを表したもの
例
xの値が2増えたときyの値が5増えたら変化の割合は$\frac{5}{2}$
それが$y=2x+5$の場合ならこのように
+2
+3
x −3 −2 −1 0 1 2 3
y −1 1 3 5 7 9 11
+4
+6
変化の割合
$\frac{4}{2}=2$
$\frac{6}{3}=2$
変化の割合がどこをとってもxの係数と同じ2になる
ホントだ…

ではこの
y=2x+5 の
グラフは
どんなのか？
グラフ？
y=2x+5
のグラフは
こう！
全体が
5増えた…？
y=2x+5
+5
5
O
ズ
ン
5
まずこれが
y=2x
のグラフ
比例ですね
y=2x
O
このように
1次関数のグラフは
比例のグラフを
y軸の正の方向に
bだけ平行移動した
直線なのだ！
y=ax+b
b
y=ax
O
平行
移動…
つまりbが
マイナスなら
下に移動
するよ
b
ジェス
チャー！
ここで
xが1増えたとき
yが増える値aを
傾きという！
傾きと
変化の割合は
同じ！
a
傾き
1
切片
(0, b)
O
また
グラフとy軸の交点
(0, b) のbの値を
切片というよ

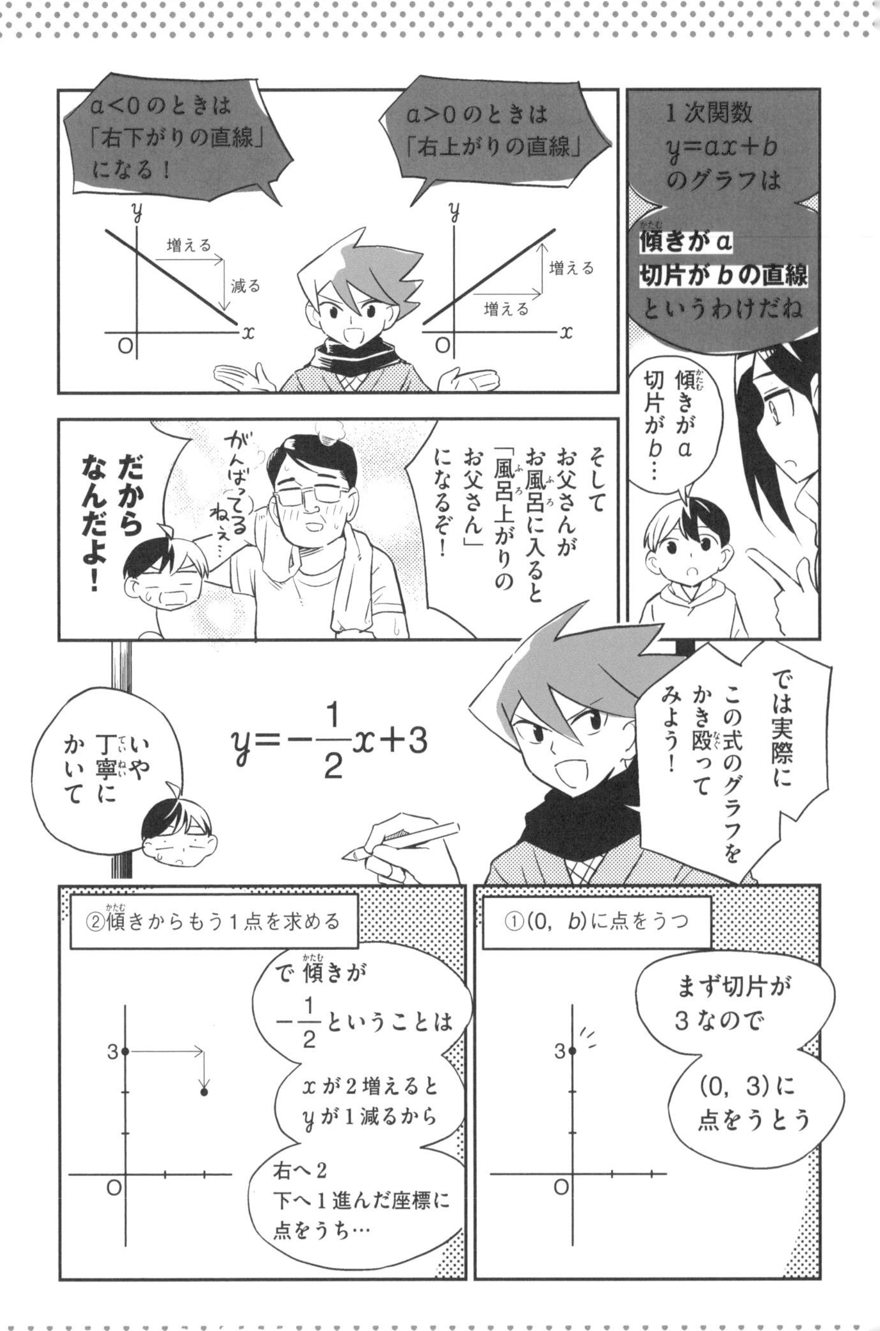
1次関数
$y=ax+b$
のグラフは
傾きがa
切片がbの直線
というわけだね
$a>0$のときは
「右上がりの直線」
y
増える
増える
x
O
$a<0$のときは
「右下がりの直線」
になる！
y
増える
減る
x
O
傾きがa
切片がb…
そして
お父さんが
お風呂に入ると
「風呂上がりの
お父さん」
になるぞ！
がんばってるねぇ…
だから
なんだよ！
では実際に
この式のグラフを
かき殴って
みよう！
$y=-\frac{1}{2}x+3$
いや
丁寧に
かいて
①(0, b)に点をうつ
まず切片が
3なので
(0, 3)に
点をうとう
3
O
②傾きからもう1点を求める
で 傾きが
$-\frac{1}{2}$ということは
xが2増えると
yが1減るから
右へ2
下へ1進んだ座標に
点をうち…
3
O

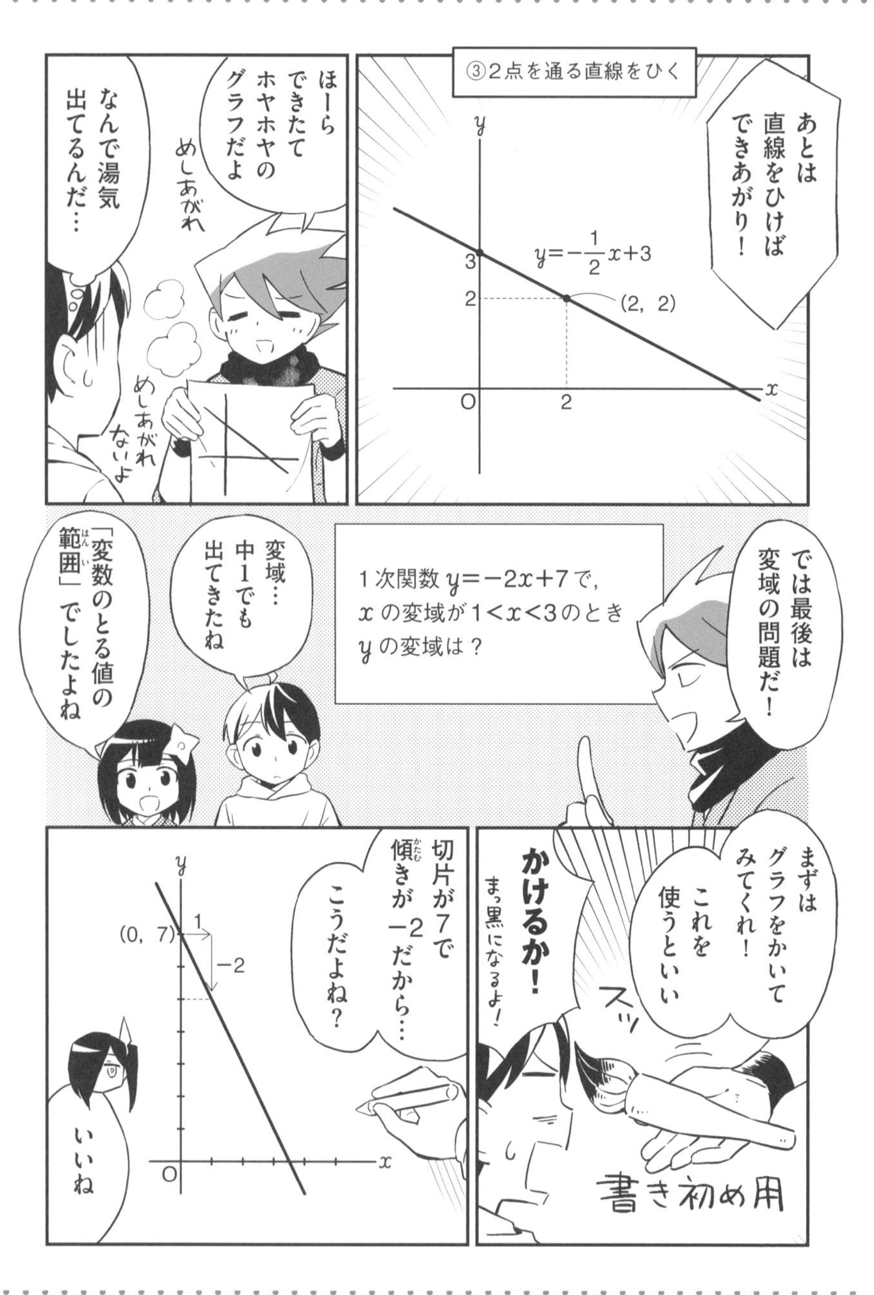
あとは直線をひけばできあがり！
③2点を通る直線をひく
$y=-\frac{1}{2}x+3$
(2, 2)
ほーらできたてホヤホヤのグラフだよ
めしあがれ
なんで湯気出てるんだ…
めしあがれないよ
では最後は変域の問題だ！
1次関数 $y=-2x+7$ で，x の変域が $1<x<3$ のとき y の変域は？
変域…中1でも出てきたね
「変数のとる値の範囲」でしたよね
まずはグラフをかいてみてくれ！
これを使うといい
スッ
かけるか！
まっ黒になるよ！
書き初め用
切片が7で傾きが−2だから…こうだよね？
(0, 7)
1
−2
いいね

ここで
xの変域は
この範囲だから
対応する
yの変域は
この範囲！
つまり
xの変域の両端の値を
式に代入すれば
yの変域がわかる！
1<x<3
y=−2x+7
代入…
ということは
こうでしょうか！
x=1のとき,
y=−2×1+7=5
x=3のとき,
y=−2×3+7=1
したがって，yの変域は
1<y<5
正解〜！
ちなみに今回は
不等号が「<」だったから
グラフの端は
白い丸だったけど
「≦」の場合は
どす黒い丸に
なるよ
どす黒い!?
…というわけで
1次関数について
わかってもらえたか？
うん…え？
そうか…
俺も若者の
役に立てて
うれしいぜ…
しゃべれんの!?
ありがとうございました！
精たちは満足げに
去っていったのだった…

9-2

1次関数の式の求め方

前回は1次関数の式からグラフをかいたけど今回は逆にグラフの特徴を手がかりに式をわり出そう！
式
グラフの特徴
なんと…逆転の発想ですね！
天才的…
そんなたいそうなことじゃないと思うけど…
カギになるのはこの1次関数の式
y=ax+b
傾き
切片
aとbがわかれば式がわかるということだ！
たとえばこんなグラフなら…
グラフの傾きが2で切片が−3の直線
この通り！この通りだ！
y=2x−3
いいよ2回も言わなくて
たのむ！この通りだ！命だけは!!
え命乞い!?
なんで!?

さーて！
命乞い健康法もすんだところで
これはどんな式になるかな？
どんな健康法なの…
こんなグラフ
グラフの傾きが−2で，点(3，1)を通る直線
ド
y
1
−2
1
(3，1)
O
3
x

傾きが−2ということはとりあえずこうですね
$y=-2x+b$
問題はbだね

点(3，1)を通るということはつまり
$x=3$，$y=1$を解にもつということだから…？
…あっ代入するのでは！

$x=3$、$y=1$を代入すると…
代入1
代入3
$y=-2x+b$
$1=-2\times3+b$
$b=7$
bの値が出ました！
てことは式は…
こうだ！
これで合ってる？
$y=-2x+7$

う〜〜〜〜ん！
シュッ
シュッ
いや どっち!? それ どっち!?
大丈夫 合ってるよ
あ よかった…
う〜〜ん！
ぐる
ぐる
じゃあ こんなのは どうかな
直線 $y=2x+1$ に平行で，切片が -3 の直線の式
平行…？
平行って ことは…？
平行って ことは…
スッ
スッ
傾きが…？
等しい…？
つまり 2…？
いや全部 言っちゃってる じゃん
スッ
スッ
そして切片が −3 という ことは…？
答えは これ…？
スッ
$y=2x-3$
答えまで 言っちゃったよ もう！

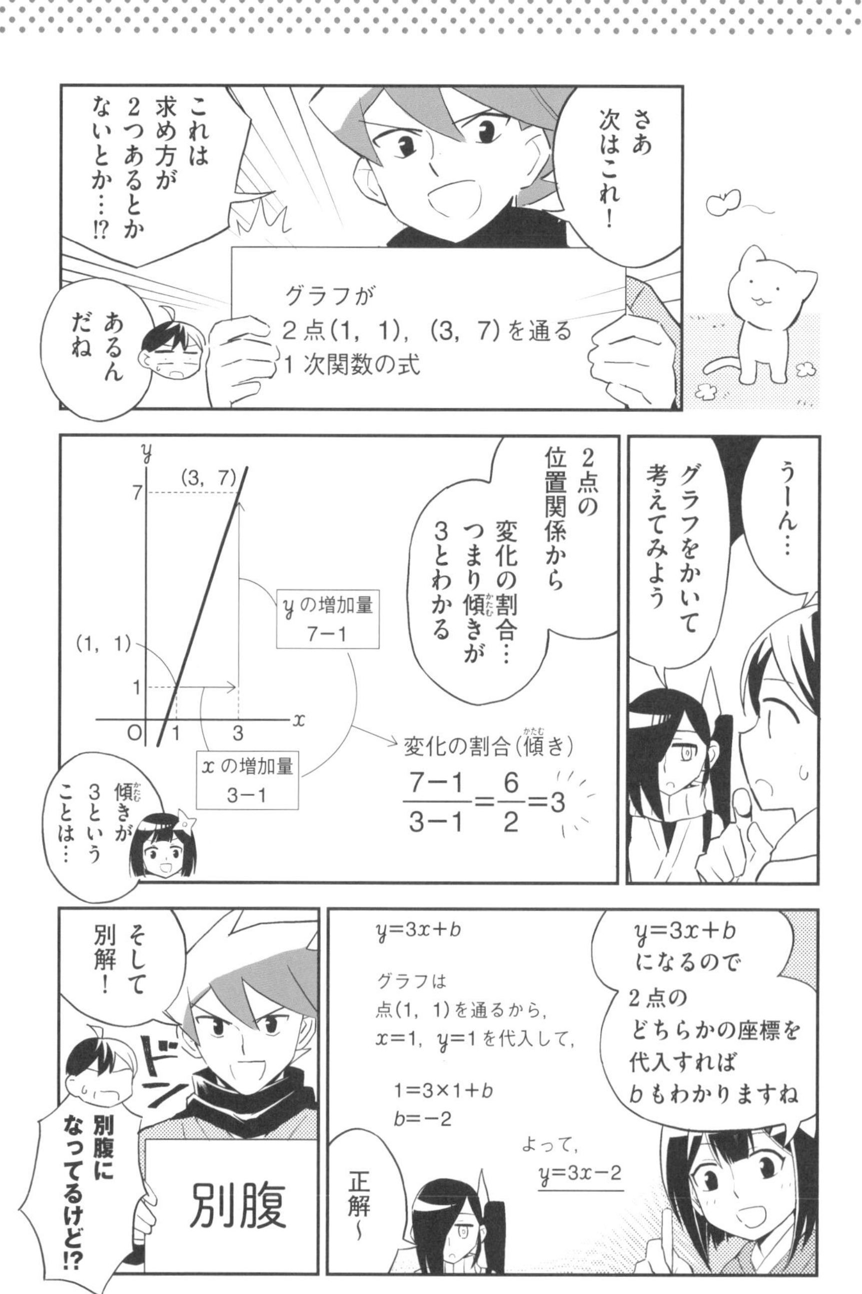
さあ次はこれ！
これは求め方が2つあるとかないとか…!?
グラフが
2点(1, 1), (3, 7)を通る
1次関数の式
あるんだね
うーん…
グラフをかいて考えてみよう
2点の位置関係から変化の割合…つまり傾きが3とわかる
(3, 7)
(1, 1)
yの増加量 7−1
xの増加量 3−1
変化の割合(傾き)
$\frac{7-1}{3-1}=\frac{6}{2}=3$
傾きが3ということは…
y=3x+b になるので 2点のどちらかの座標を代入すれば bもわかりますね
y=3x+b
グラフは
点(1, 1)を通るから,
x=1, y=1を代入して,
1=3×1+b
b=−2
よって,
y=3x−2
正解～
そして別解！
ドン
別腹
別腹になってるけど!?

2点の座標を $y=ax+b$ に代入して

連立方程式をつくることでも式が出せるのだ！

$y=ax+b$ に
$x=1$, $y=1$ を代入して,
$1=a+b$ …①

$x=3$, $y=7$ を代入して,
$7=3a+b$ …②

①, ②を
連立方程式として解くと,
$a=3$, $b=-2$

答　$y=3x-2$

ホントだ…同じ答えだね

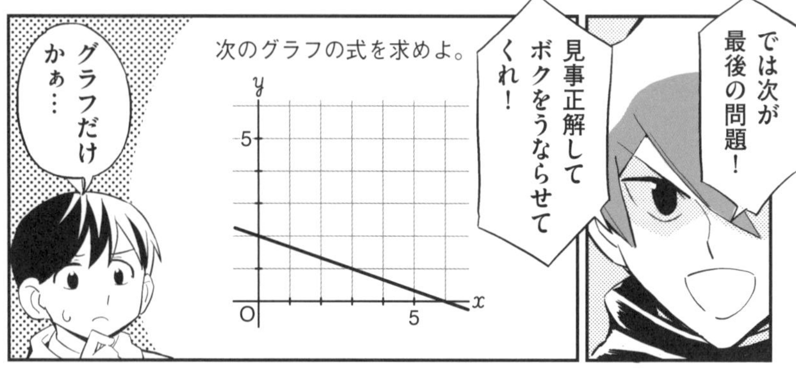

では次が最後の問題！
見事正解してボクをうならせてくれ！
次のグラフの式を求めよ。
y
5
O
5
x
グラフだけかぁ…

こういうときはたしか…ピッタリのところを探すんですよね
座標が整数の点
あ そっか

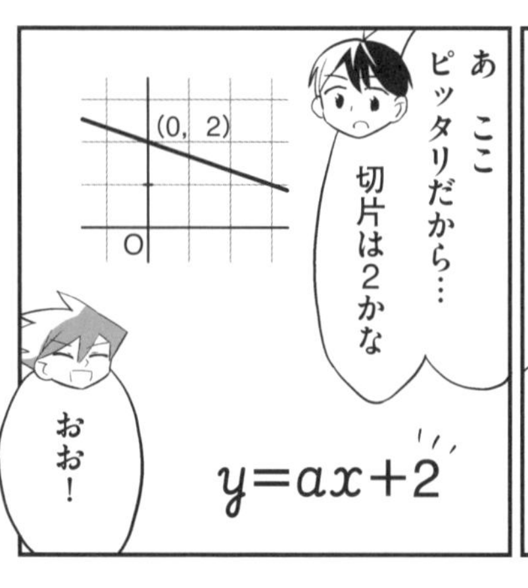

あ ここピッタリだから…
切片は2かな
(0, 2)
O
y=ax+2
おお！

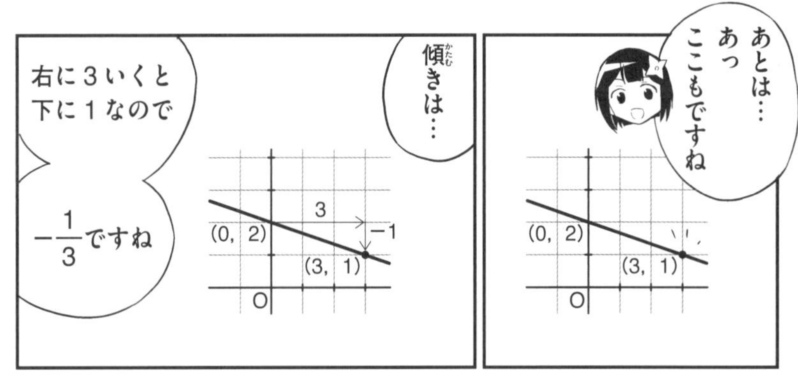
あとは…
あっ
ここもですね
傾きは…
右に３いくと
下に１なので
$-\frac{1}{3}$ですね
(0, 2)
(3, 1)
3
−1
O

ということは…
$y=-\frac{1}{3}x+2$
できましたね！
どう？
合ってる？

ガルルルル…！
何!?
お見事！
思わず
うなって
しまったよ
うなるって
そういうやつじゃ
ないよ！
やったー
パチ
パチ
うなり健康法
誕生の瞬間であった

9-3

方程式とグラフ

さーて
今回はまず
2元1次方程式のグラフをかいていこう！
2元1次方程式…
そんな…まさか…
記憶喪失……!?
ふつうに忘れただけだよ！
…ってなんだっけ？
なっ…
文字が2つの1次式だよ
179ページでやったよね
あ そっか
でもこのグラフどうすれば…
2x−3y=−6
この式を「y=〜」の形に変形すると…どう？
2x−3y=−6
−3y=−2x−6
y=2/3x+2
あっ…

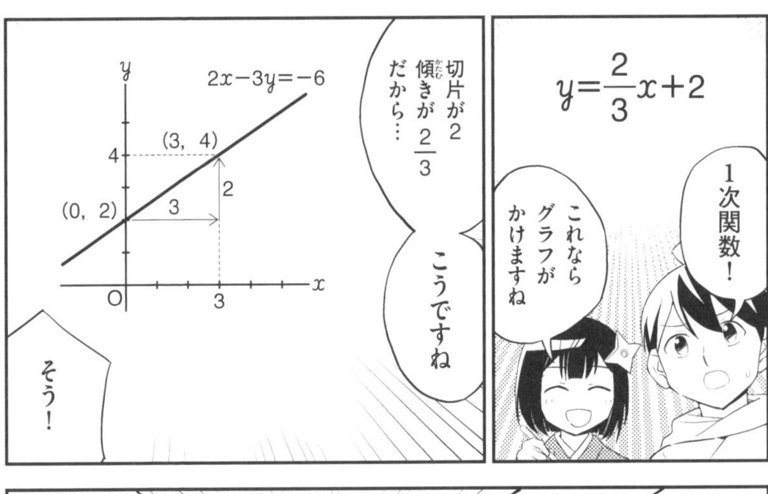

$y=\frac{2}{3}x+2$
1次関数！
これならグラフがかけますね
切片が2 傾き(かたむ)が $\frac{2}{3}$ だから…
こうですね
$2x-3y=-6$
(3, 4)
(0, 2)
そう！

2元1次方程式と1次関数は形が違(ちが)うだけ！
2元1次方程式
変形！
1次関数
グラフをかくときは1次関数の形にすればいいのだ！
2元1次方程式が「ごはん」なら1次関数が「おにぎり」みたいな関係だ！
なるほど…
いや…2元1次方程式が「おにぎり」で1次関数が「ごはん」か…？
どっちでもいいよ！
じゃあ次は今のグラフにもう1本方程式のグラフを追加して…
いや…ボク自身がおにぎり…？

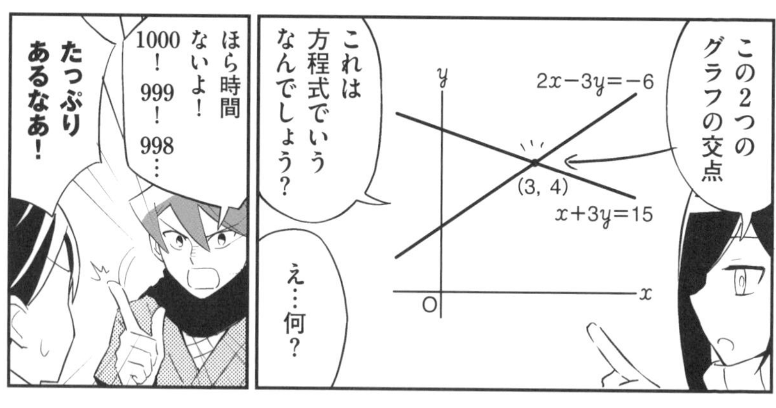
この2つのグラフの交点
$2x-3y=-6$
$(3, 4)$
$x+3y=15$
これは方程式でいうなんでしょう?
え…何?
ほら時間ないよ!1000!999!998…
たっぷりあるなあ!

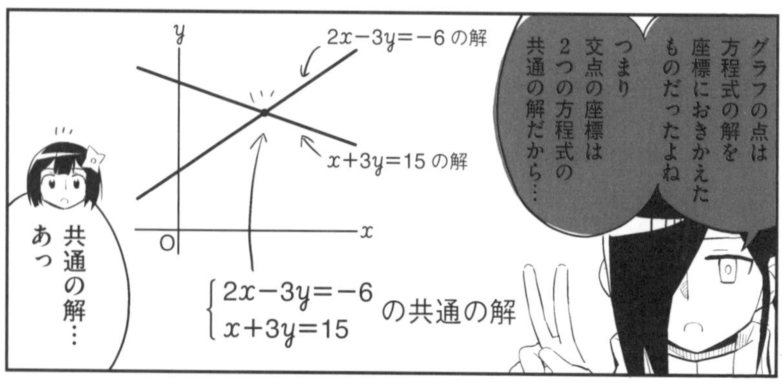
グラフの点は方程式の解を座標におきかえたものだったよね
つまり交点の座標は2つの方程式の共通の解だから…
$2x-3y=-6$ の解
$x+3y=15$ の解
$\begin{cases} 2x-3y=-6 \\ x+3y=15 \end{cases}$ の共通の解
あっ共通の解…

連立方程式の解…ですね?
そう!
あ
グラフをかいて交点を見つけることで連立方程式にしたときの解がわかるのだ!
グラフの交点の座標
(△, □)
連立方程式の解
$\begin{cases} x=△ \\ y=□ \end{cases}$

そして
その逆も可能！
グラフの交点の座標
（△，□）
クル！
連立方程式の解
$\begin{cases} x=△ \\ y=□ \end{cases}$
逆？
たとえば
この問題
次の２直線の交点を求めよ。
$\begin{cases} y=-x+2 & \cdots ① \\ y=2x-3 & \cdots ② \end{cases}$

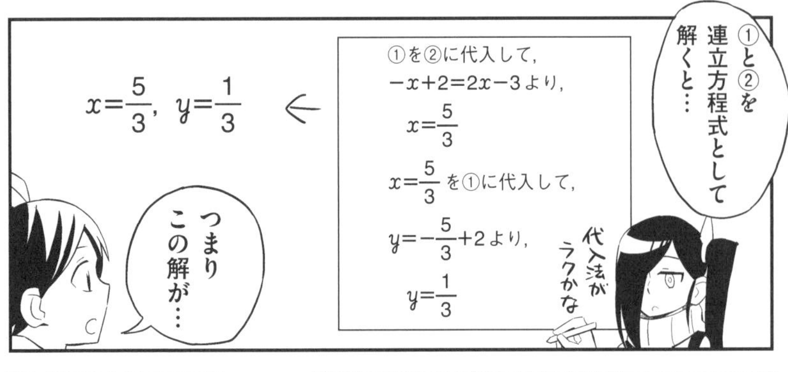
①と②を
連立方程式として
解くと…
①を②に代入して，
$-x+2=2x-3$ より，
$x=\frac{5}{3}$
$x=\frac{5}{3}$ を①に代入して，
$y=-\frac{5}{3}+2$ より，
$y=\frac{1}{3}$
代入法が
ラクかな
$x=\frac{5}{3}$，$y=\frac{1}{3}$
つまり
この解が…

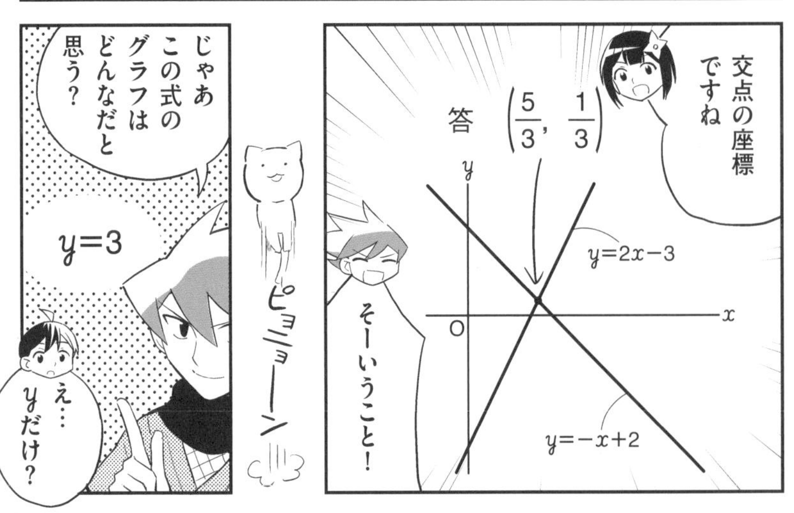
交点の座標
ですね
答 $\left(\frac{5}{3}, \frac{1}{3}\right)$
$y=2x-3$
$y=-x+2$
そーいうこと！
じゃあ
この式の
グラフは
どんなだと
思う？
$y=3$
ピョョョーーン
え…
yだけ？

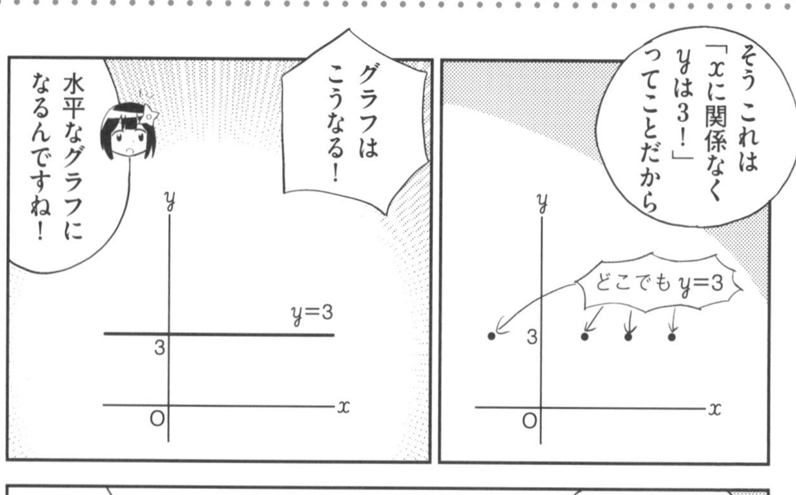
そう これは「xに関係なくyは3!」ってことだから
どこでも y=3
3
O
x
y
グラフはこうなる!
水平なグラフになるんですね!
y=3
3
O
x
y

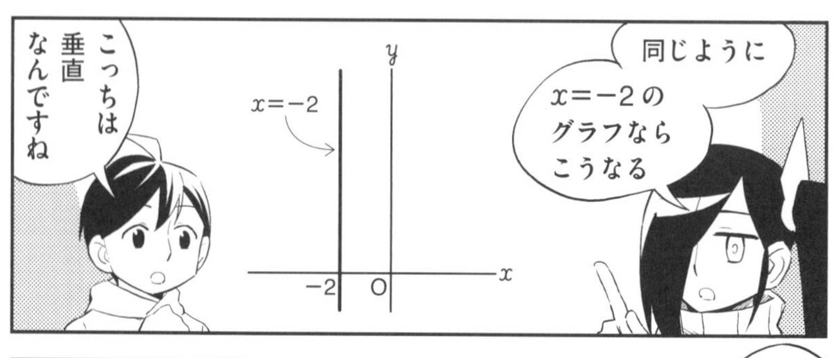
同じように
x=−2のグラフならこうなる
こっちは垂直なんですね
x=−2
−2
O
x
y

さらにx軸やy軸も式で表せるよ
x=0
y=0
O
x
y
x軸をy
y軸をxで
表すんですね
ややこしい…
これを利用して
x軸、y軸との交点からグラフをかける場合がある!
3x−4y=−12
えっ…どうやって?

x=0を代入すれば y軸との交点
y=0を代入すれば x軸との交点がわかる!
3x−4y=−12
x=0のとき
−4y=−12
y=3
点(0, 3)を通る
y=0のとき
3x=−12
x=−4
点(−4, 0)を通る
あ 2点がわかったということは…
グラフが1つに決まりますね!
そういうこと!
…というわけで1次関数はここまで!
お
3x−4y=−12
(0, 3)
(−4, 0)
O
x
y
これで直線のグラフはなんでもわかるようになったはずだ!
こんな直線も!
こんな直線も!
ブン
ブン
ガッ
あっ
パタリ…
ここは…?
記憶喪失!!
ムクッ

やってみよう VOL 5

1

次の空欄をうめて、 $y=2x-5$ のグラフをかきましょう。

手順1

切片が-5だから点(0, □)をとる

手順2

傾きが2だから点(0, □)から

右へ1，上へ□進んだ点(1, □)をとる。

手順3

この2点を通る直線をかく。

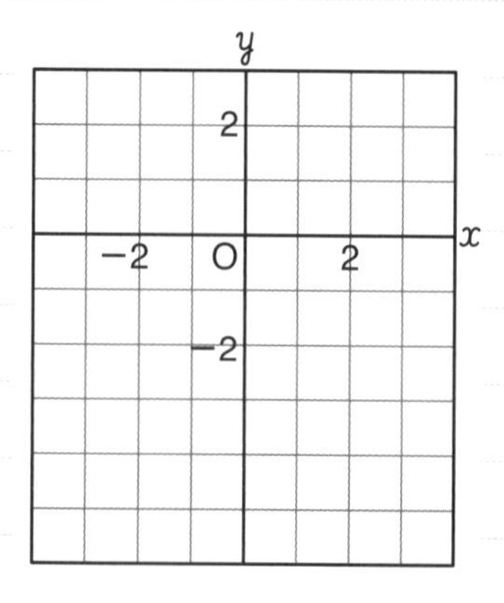

2

グラフが２点（2，1），（4，7）を通る１次関数の式を求めましょう。

１次関数の式を $y=ax+b$ とする。

点(2，1)を通るので

□ = □ $a+b$ ……①

また，点(4，7)を通るので

□ = □ $a+b$ ……②

①，②を連立して解くと

$a=$ □　$b=$ □

よって　$y=$ □

答えは次のページへ

1 切片が−5だから

点(0, [−5])をとる。

傾きが2だから,

点(0, [−5])から

右へ1, 上へ [2] 進んだ

点(1, [−3])をとる。

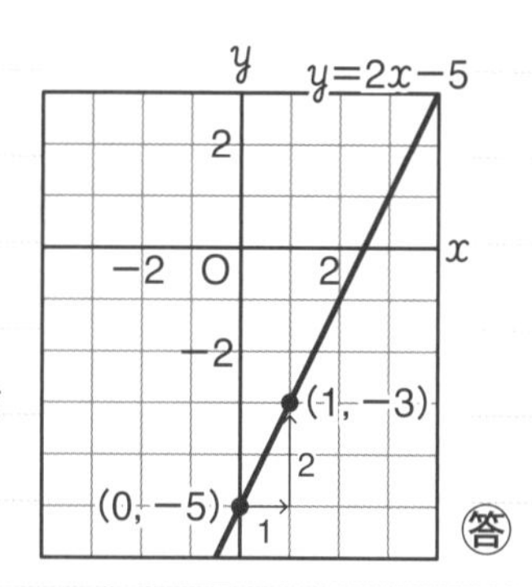

㊟

この2点を通る直線は

右の通り。

2 $y=ax+b$ の式に点(2, 1)と点(4, 7)の座標の値を代入して

[1] = [2] $a+b$ ……①

[7] = [4] $a+b$ ……②

①, ②を連立して解くと

$$
\begin{array}{r}
1=2a+b \\
-)\ 7=4a+b \\
\hline
-6=-2a
\end{array}
$$

, $a=$ [3]

①に $a=3$ を代入して　$1=2\times3+b$, $b=$ [−5]

よって, $y=$ [$3x-5$] ㊟

上巻はこれでおしまい
下巻につづくよ
スゴイ
ワサッ
唐突だな!
もっといいコマあったでしょ?

STAFF
著／ソウ　協力／本丸諒　作画協力／霧中望　コラムイラスト／有限会社 熊アート
ブックデザイン／chichols　編集協力／秋下幸恵、花園安紀、林千珠子、梁川由香
データ作成／株式会社 四国写研　企画・編集／宮﨑純

たぶん世界一おもしろい数学　上巻

2024年7月16日　第1刷発行
2024年11月8日　第3刷発行

著者	ソウ
発行人	川畑勝
編集人	芳賀靖彦
編集担当	宮﨑純
発行所	株式会社Gakken 〒141-8416　東京都品川区西五反田2-11-8
印刷所	株式会社リーブルテック

●この本に関する各種お問い合わせ先
・本の内容については、下記サイトのお問い合わせフォームよりお願いします。
https://www.corp-gakken.co.jp/contact/
・在庫については
Tel 03-6431-1201（販売部）
・不良品（落丁、乱丁）については
Tel 0570-000577
学研業務センター
〒354-0045　埼玉県入間郡三芳町上富279-1
・上記以外のお問い合わせは
Tel 0570-056-710（学研グループ総合案内）

学研グループの書籍・雑誌についての新刊情報・詳細情報は、下記をご覧ください。
学研出版サイト　https://hon.gakken.jp/

本書『たぶん世界一おもしろい数学』（上巻・下巻）は『COMIC × STUDY マンガでわかる中学数学（中1）』『COMIC × STUDY マンガでわかる中学数学（中2）』『COMIC × STUDY マンガでわかる中学数学（中3）』の3冊を、学び直しをしたい大人に向けて加筆、再編集をし、上・下巻の2冊にまとめたものです。